全国高职高专应用型规划教材·机械机电类

传感器与检测技术

主　编　党安明　张钦军
副主编　项云霞　夏学峰
　　　　夏　岩　姜兰兰

北京大学出版社
PEKING UNIVERSITY PRESS

内 容 简 介

本书根据教育部高职高专培养目标和高职高专院校对本课程教学的基本要求进行编写，主要内容包括传感器技术基础、温度传感器、力传感器、光电传感器、图像传感器、霍尔传感器与其他磁传感器及应用、位移、物位传感器、新型传感器、传感器接口电路、智能传感器、传感器网络等。此外，本书根据高职高专学生学习的特点增加了实训内容，突出了高职高专重实验、实训能力培养的目标。

本书可作为高等职业院校机电类专业规划教材使用，也可作为成人教育、职业培训的教材，并可作为自动化、电气化、仪表、电器等相关专业的工程技术人员的参考用书。

图书在版编目(CIP)数据

传感器与检测技术/党安明，张钦军主编. —北京：北京大学出版社，2011.8
（全国高职高专应用型规划教材·机械机电类）
ISBN 978-7-301-18913-9

Ⅰ. ①传… Ⅱ. ①党… ②张… Ⅲ. ①传感器－检测－高等学校－教材 Ⅳ. ①TP212

中国版本图书馆 CIP 数据核字(2011)第 093030 号

书　　　　名：	传感器与检测技术
著作责任者：	党安明　张钦军　主编
策 划 编 辑：	傅　莉
责 任 编 辑：	傅　莉　刘红娟
标 准 书 号：	ISBN 978-7-301-18913-9/TP·1169
出 版 发 行：	北京大学出版社
地　　　　址：	北京市海淀区成府路 205 号　100871
电　　　　话：	邮购部 62752015　发行部 62750672　编辑部 62754934　出版部 62754962
网　　　　址：	http://www.pup.cn
电 子 信 箱：	zyjy@pup.cn
印　刷　者：	三河市博文印刷有限公司
经　销　者：	新华书店
	787 毫米×1092 毫米　16 开本　11.75 印张　278 千字
	2011 年 8 月第 1 版　2018 年 7 月第 4 次印刷
定　　　价：	23.00 元

未经许可，不得以任何方式复制或抄袭本书之部分或全部内容。
版权所有，侵权必究
举报电话：010-62752024　电子信箱：fd@pup.pku.edu.cn

前　言

今天，人类已进入科学技术空前发展的信息社会，电子计算机、机器人、自动控制技术以及单片机嵌入系统的迅速发展，迫切需要形形色色的传感器。作为"感觉器官"，传感器应用于各种各样的信息检测，并将之转换为工作系统所能进行处理的信息。了解、掌握和应用传感器已成为许多专业工程技术人员的必备知识和技能，"传感器技术与应用"也已成为应用电子技术、自动控制技术、自动信号技术、测量技术、机器人技术及计算机应用等专业的必修课。在此背景下，我们编写了本书。

本书系大学专科和高职教育使用教材，讲述的是作为一门新兴学科的传感器的技术开发与应用，其参考学时为64学时。本书以传感器原理、特性和使用为主线，介绍了传感器的分类、数学模型、特性、材料及技术指标的标定，并分别介绍了温度、力、光电、磁、位移、温度及气体、生物、微波、超声波、机器人等传感器的原理、结构、性能与应用，此外还介绍了传感器输入、输出信号的处理以及与微型计算机的连接。

在编写中，本书力求做到叙述简练，保持内容新颖，以便学生能够灵活应用。作者在每章介绍了知识点之后，还添加了实训环节和习题练习。通过实训，既可培养学生查阅各种传感器的手册和资料的能力，又可使学生自己动手制作传感器的电路，在实际操作中了解并掌握传感器。每章的课后习题则针对本章的知识点进行设置，以帮助学生加深对知识点的理解。教师在讲授本书时，可根据实际情况和具体条件，选择完成一部分实训课题或全部实训课题，也可安排在课余时间进行。

本书由山东省东营职业学院的党安明和张钦军担任主编，负责书稿前期筹划、拟定编写大纲、统一修改定稿。具体编写分工如下：党安明负责第1、2章的编写，夏岩负责第3、4章的编写，项云霞负责第5章的编写，夏学峰负责第6、7章的编写，姜兰兰负责第8、9章的编写，张钦军负责第10、11章的编写。

本书可作为高等职业院校机电类专业规划教材使用，也可作为成人教育、职业培训的教材，并可作为自动化、电气化、仪表、电器等相关专业的工程技术人员的参考用书。

由于编者水平有限，书中难免有不足之处，恳请广大读者批评指正。

编　者

2011年6月

目　　录

第1章　传感器技术基础 …………………………………………………………… (1)
　1.1　自动测控系统与传感器 ………………………………………………………… (1)
　1.2　传感器的分类 …………………………………………………………………… (3)
　1.3　传感器的数学模型 ……………………………………………………………… (4)
　1.4　传感器的特性与技术指标 ……………………………………………………… (6)
　1.5　传感器性能的提高及标定与校准 ……………………………………………… (10)
　1.6　习题 ……………………………………………………………………………… (11)

第2章　温度传感器 …………………………………………………………………… (12)
　2.1　温度测量概述 …………………………………………………………………… (12)
　2.2　热电偶传感器 …………………………………………………………………… (12)
　2.3　金属热电阻传感器 ……………………………………………………………… (18)
　2.4　集成温度传感器 ………………………………………………………………… (20)
　2.5　半导体热敏电阻 ………………………………………………………………… (21)
　2.6　负温度系数热敏电阻 …………………………………………………………… (23)
　2.7　温度传感器应用实例 …………………………………………………………… (25)
　2.8　实训 ……………………………………………………………………………… (32)
　2.9　习题 ……………………………………………………………………………… (32)

第3章　力传感器 ……………………………………………………………………… (33)
　3.1　弹性敏感元件 …………………………………………………………………… (33)
　3.2　电阻应变片传感器 ……………………………………………………………… (37)
　3.3　压电传感器 ……………………………………………………………………… (40)
　3.4　电容式传感器 …………………………………………………………………… (45)
　3.5　电感式传感器 …………………………………………………………………… (50)
　3.6　力传感器应用实例 ……………………………………………………………… (55)
　3.7　实训 ……………………………………………………………………………… (58)
　3.8　习题 ……………………………………………………………………………… (58)

第4章　光电传感器 …………………………………………………………………… (59)
　4.1　光电效应 ………………………………………………………………………… (59)
　4.2　光电器件 ………………………………………………………………………… (60)
　4.3　红外线传感器 …………………………………………………………………… (70)
　4.4　光纤传感器 ……………………………………………………………………… (74)

4.5 实训 ………………………………………………………………………… (78)
4.6 习题 ………………………………………………………………………… (79)

第5章 图像传感器 ………………………………………………………………… (81)
5.1 图像传感器概述 …………………………………………………………… (81)
5.2 CCD图像传感器 …………………………………………………………… (81)
5.3 CMOS图像传感器 ………………………………………………………… (85)
5.4 CCD和CMOS图像传感器应用实例 …………………………………… (88)
5.5 实训 ………………………………………………………………………… (91)
5.6 习题 ………………………………………………………………………… (91)

第6章 霍耳传感器与其他磁传感器及应用 ……………………………………… (92)
6.1 霍耳传感器的工作原理 …………………………………………………… (92)
6.2 霍耳传感器 ………………………………………………………………… (94)
6.3 其他磁传感器 ……………………………………………………………… (95)
6.4 霍耳传感器及其他磁传感器应用实例 …………………………………… (99)
6.5 实训 ………………………………………………………………………… (101)
6.6 习题 ………………………………………………………………………… (102)

第7章 位移、物位传感器 ………………………………………………………… (103)
7.1 接近传感器 ………………………………………………………………… (103)
7.2 光栅位移传感器 …………………………………………………………… (104)
7.3 磁栅位移传感器 …………………………………………………………… (106)
7.4 转速传感器 ………………………………………………………………… (108)
7.5 液位传感器 ………………………………………………………………… (109)
7.6 流量及流速传感器 ………………………………………………………… (112)
7.7 实训 ………………………………………………………………………… (113)
7.8 习题 ………………………………………………………………………… (114)

第8章 新型传感器 ………………………………………………………………… (115)
8.1 生物传感器 ………………………………………………………………… (115)
8.2 微波传感器 ………………………………………………………………… (120)
8.3 超声波传感器 ……………………………………………………………… (123)
8.4 机器人传感器 ……………………………………………………………… (130)
8.5 实训 ………………………………………………………………………… (139)
8.6 习题 ………………………………………………………………………… (139)

第9章 传感器接口电路 …………………………………………………………… (140)
9.1 传感器输出信号的处理方法 ……………………………………………… (140)
9.2 传感器信号检测电路 ……………………………………………………… (141)
9.3 传感器和微型计算机的连接 ……………………………………………… (147)
9.4 传感器接口电路应用实例 ………………………………………………… (149)

9.5 实训 …………………………………………………………………………… (150)
9.6 习题 …………………………………………………………………………… (151)

第 10 章 智能传感器 ……………………………………………………………………… (152)
10.1 智能传感器概述 ……………………………………………………………… (152)
10.2 计算型智能传感器 …………………………………………………………… (155)
10.3 特殊材料型智能传感器 ……………………………………………………… (158)
10.4 几何结构型智能传感器 ……………………………………………………… (158)
10.5 智能传感器实例 ……………………………………………………………… (159)
10.6 实训 …………………………………………………………………………… (162)
10.7 习题 …………………………………………………………………………… (163)

第 11 章 传感器网络 ……………………………………………………………………… (164)
11.1 传感器网络概述 ……………………………………………………………… (164)
11.2 传感器网络信息交换体系 …………………………………………………… (166)
11.3 OSI 开放系统互联参考模型 ………………………………………………… (167)
11.4 传感器网络通信协议 ………………………………………………………… (169)
11.5 实训 …………………………………………………………………………… (175)
11.6 习题 …………………………………………………………………………… (176)

参考文献 ……………………………………………………………………………………… (177)

第 1 章　传感器技术基础

本章要点

- 传感器的分类；
- 传感器的技术指标；
- 传感器的加工技术。

世界是由物质组成的，表征物质特性或其运动形式的参数很多，根据物质的电特性，可分为电量和非电量两类。

非电量不能直接使用一般电工仪表和电子仪器测量，而是需要转换成与非电量有一定关系的电量再进行测量。实现这种转换技术的器件叫传感器。

自动检测和自动控制系统处理的大多是电量，故需要通过传感器对通常是非电量的原始信息进行精确可靠的捕获，并将之转换为电量。

1.1　自动测控系统与传感器

1.1.1　自动测控系统

自动检测和自动控制技术是人们对事物的规律进行定性了解和定量掌握以及预期效果控制所从事的一系列的技术措施。自动测控系统是完成这一系列技术措施之一的装置，它是检测和控制器与研究对象的总和。通常可将自动测控系统分为开环与闭环两种自动测控系统，如图 1-1 和图 1-2 所示。

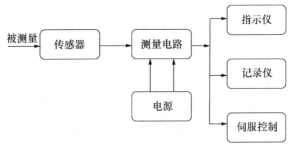

图 1-1　开环自动测控系统

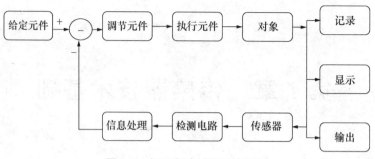

图 1-2　闭环自动测控系统框图

由图 1-1 和图 1-2 可知，一个完整的自动测控系统，一般由传感器、测量电路、显示记录装置或调节执行装置、电源 4 部分组成。

1.1.2　传感器

传感器的作用是将被测非电物理量转换成与其有一定关系的电信号，由图 1-2 可知它获得的信息正确与否，直接关系到整个系统的精度。依照《中华人民共和国国家标准》的规定，传感器的定义是：能感受规定的被测量并按照一定的规律转换成可用输出信号的器件或装置，通常由敏感元件和转换元件组成。其中敏感元件是指传感器中能直接感受或响应被测量的部分；转换元件是指传感器中能将敏感元件感受或响应的被测量转换成适于传输或测量的电信号的部分。传感器的组成如图 1-3 所示。

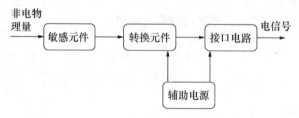

图 1-3　传感器组成框图

需要指出的是，并不是所有的传感器必须包括敏感元件和转换元件，如压电晶体、热电偶、热敏电阻、光电器件等是敏感元件与转换元件两者合二为一的传感器。

传感器转换能量的理论基础都是利用物理学、化学、生物学现象和效应来进行能量形式的变换。被测量和它们之间能量的相互转换是各种各样的，如图 1-4 所示。传感器技术就是掌握和完善这些转换的方法和手段。

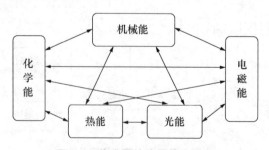

图 1-4　传感器的能量转换关系

1.2 传感器的分类

传感器有许多分类方法,但常用的分类方法有两种,一种是按被测物理量来分类;另一种是按传感器的工作原理来分类。

1.2.1 按被测物理量分类

这一种方法是根据被测量的性质进行分类,如温度传感器、湿度传感器、压力传感器、位移传感器、流量传感器、液位传感器、力传感器、加速度传感器、转矩传感器等。

这种分类方法把种类繁多的被测量分为基本被测量和派生被测量两类(参见表1-1)。例如力可视为基本被测量,从力可派生出压力、重量、应力、力矩等派生被测量。当需要测量这些被测量时,只要采用力传感器就可以了。

表1-1 基本被测量和派生被测量

基本被测量		派生被测量	基本被测量	派生被测量
位移	线位移	长度、厚度、应变、振动、磨损	力 压力	重量、应力、力矩
	角位移	旋转角、偏转角、角振动	时间 频率	周期、计数、统计分布
速度	线速度	速度、振动、流量、动量	温度	热容、气体速度、涡流
	角速度	转速、角振动	光	光通量和密度、光谱分布
加速度	线加速度	振动、冲击、质量	湿度	水汽、水分、露点
	角加速度	角振动、转矩、转动惯量		

这种分类方法的优点是比较明确地表达了传感器的用途,便于使用者根据其用途选用;缺点是没有区分每种传感器在转换机理上有何共性和差异,不便使用者掌握其基本原理及分析方法。

1.2.2 按传感器工作原理分类

这一种分类方法是以工作原理划分,将物理、化学、生物等学科的原理、规律和效应作为分类的依据。这种分类法的优点是对传感器的工作原理比较清楚,类别少,有利于传感器专业工作者对传感器的深入研究分析;缺点是不便于使用者根据用途选用。具体划分为以下几类。

1. 电学式传感器

电学式传感器是应用范围较广的一种传感器,常用的有电阻式传感器、电容式传感器、电感式传感器、磁电式传感器及电涡流式传感器等。

2. 磁学式传感器

磁学式传感器是利用铁磁物质的一些物理效应而制成,主要用于位移、转矩等参数的测量。

3. 光电式传感器

光电式传感器是利用光电器件的光电效应和光学原理而制成，主要用于光强、光通量、位移、浓度等参数的测量。

4. 电势型传感器

电势型传感器是利用热电效应、光电效应、霍耳效应等原理而制成，主要用于温度、磁通量、电流、速度、光强、热辐射等参数的测量。

5. 电荷传感器

电荷传感器是利用压电效应原理而制成，主要用于力及加速度的测量。

6. 半导体传感器

半导体传感器是利用半导体的压阻效应、内光电效应、磁电效应、半导体与气体接触产生物质变化等原理而制成，主要用于温度、湿度、压力、加速度、磁场和有害气体的测量。

7. 谐振式传感器

谐振式传感器是利用改变电或机械的固有参数来改变谐振频率的原理而制成，主要用来测量压力。

8. 电化学式传感器

电化学式传感器是以离子导电原理为基础而制成，可分为电位式传感器、电导式传感器、电量式传感器、级谱式传感器和电解式传感器等。电化学式传感器主要用于分析气体成分、液体成分、溶于液体的固体成分、液体的酸碱度、电导率及氧化还原电位等参数的测量。

除了上述两种分类方法外，还有按能量的关系分类，即将传感器分为有源传感器和无源传感器；按输出信号的性质分类，即将传感器分为模拟式传感器和数字式传感器。数字式传感器输出为数字量，便于与计算机联用，且抗干扰性较强，例如盘式角度数字传感器、光栅传感器等。

本书的传感器主要是按被测物理量分类编写的，适当加以工作原理的分析。

1.3 传感器的数学模型

传感器作为感受被测量信息的器件，总是希望它能按照一定的规律输出有用信号，因此，需要研究其输入-输出之间的关系及特性，以便用理论指导其设计、制造、校准与使用。要在理论和技术上表征输入-输出之间的关系，通常的方法是建立数学模型，这也是研究科学问题的基本出发点。

传感器可能用来监测静态量、准静态量或动态量，由于输入信号的状态不同，传感器表现出来的输出特性也不相同。为了便于分析,下面从静态输入-输出关系和动态输入-输出关系两个方面建立数学模型。

1.3.1 传感器的静态数学模型

传感器的静态数学模型是指被测量的值处于稳定状态时的输出与输入的关系。如果被测量是一个不随时间变化,或随时间变化缓慢的量,可以只考虑其静态特性,这时传感器的输入量与输出量之间在数值上一般具有一定的对应关系,关系式中不含有时间变量。对静态特性而言,传感器的输入量 x 与输出量 y 之间的关系通常可用一个如下的多项式表示:

$$y = a_0 + a_1 x + a_2 x^2 + \cdots + a_n x^n \tag{1-1}$$

式(1-1)中,x 为输入量;y 为输出量;a_0 为零输入时的输出,也叫零位输出;a_1 为传感器线性项系数(也称线性灵敏度),常用 K 表示;$a_2, a_3, \cdots a_n$ 为非线性项系数,其数值由具体传感器非线性特性决定。

传感器静态数学模型有以下3种有用的特殊形式。

1. 理想的线性特性

$$y = a_1 x \tag{1-2}$$

其线性度好,通常是所希望的传感器应具有的特性,只有具备这样的特性才能正确无误地反映被测的真值。

2. 仅有偶次非线性项

$$y = a_0 + a_2 x^2 + a_4 x^4 + \cdots + a_{2n} x^{2n} \tag{1-3}$$

其线性范围较窄,线性度较差,灵敏度为该曲线的斜率,一般传感器设计很少采用这种特性。

3. 仅有奇次非线性项

$$y = a_1 x + a_3 x^3 + \cdots + a_{2n+1} x^{2n+1} \tag{1-4}$$

其线性范围较宽,且相对坐标原点是对称的,线性度较好,灵敏度为该曲线的斜率。使用时一般都加以线性补偿措施,可获得较理想的线性特性。

1.3.2 传感器的动态数学模型

传感器的动态数学模型是指输入量随时间变化时传感器的响应特性。很多传感器要在动态条件下检测,被测量可能以各种形式随时间变化。只要输入量是时间的函数,则其输出量也将是时间的函数,其间的关系要用动态特性来说明。动态数学模型一般采用微分方程和传递函数描述。

1. 微分方程

忽略了一些影响不大的非线性和随机变量等复杂因素后,可将传感器作为线性定常数系统来考虑,因而其动态数学模型可以用线性常系数微分方程来表示,其解得到传感器的暂态响应和稳态响应。

$$a_n \frac{d^n y}{dt^n} + a_{n-1} \frac{d^{n-1} y}{dt^{n-1}} + \cdots + a_1 \frac{dy}{dt} + a_0 y$$

$$= b_m \frac{d^m x}{dt^m} + b_{m-1} \frac{d^{m-1} x}{dt^{m-1}} + \cdots + b_1 \frac{dx}{dt} + b_0 x \tag{1-5}$$

式（1-5）中，$x(t)$ 为输入量，$y(t)$ 为输出量，a_n，a_{n-1}，$\cdots a_1$，a_0；b_m，b_{m-1}，$\cdots b_1$，b_0 分别为与传感器结构有关的常数。

对于复杂的系统，其微分方程的建立和求解都是很困难的。有时也可以采用传递函数的方法研究传感器的动态特性。

2. 传递函数

对式（1-5）两边取拉氏变换，则得：

$$Y(s)(a_s s^n + a_{n-1} s^{n-1} + \cdots + a_0) = X(s)(b_m s^m + b_{m-1} s^{m-1} + \cdots + b_0) \tag{1-6}$$

$$H(S) = \frac{Y(s)}{X(s)} = \frac{b_m s^m + b_{m-1} s^{m-1} + \cdots + b_0}{a_n s^n + a_{n-1} s^{n-1} + \cdots + a_0} \tag{1-7}$$

$H(S)$ 即为该系统的传递函数。等号右边是一个与输入无关的表达式，只与系统结构参数有关，可见传递函数 $H(s)$ 是描述传感器本身传递信息的特性，即传输和变换特性。传递函数可由输入激励和输出响应的拉普拉斯变换求得。当传感器比较复杂或传感器的基本参数未知时，可以通过实验求得传递函数。

1.4 传感器的特性与技术指标

传感器测量静态量表现为静态特性，测量动态量表现为动态特性。传感器必须有良好的静态特性和动态特性，才能使信号和能量按准确的规律转换。

1.4.1 静态特性

传感器的静态特性可以用一组性能指标来描述，如灵敏度、线性度、迟滞、重复性和漂移等，如图1-5所示。

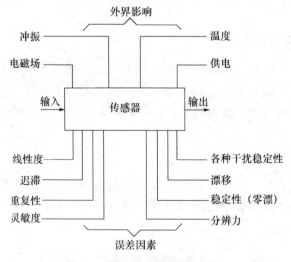

图1-5 传感器的静态性能指标

1. 灵敏度

灵敏度是传感器静态特性的一个重要指标。其定义是输出量增量 Δy 与引起输出量增量 Δy 的相应输入量增量 Δx 之比,如图 1-6 所示。用 S 表示灵敏度,即:

$$S = \frac{\Delta y}{\Delta x} = \frac{dy}{dx} \quad (1-8)$$

它表示单位输入量的变化所引起传感器输出量的变化,很显然,灵敏度 S 值越大,表示传感器越灵敏。

2. 线性度

传感器的线性度是指传感器的输出与输入之间数量关系的线性程度。输出与输入关系可分为线性特性和非线性特性。从传感器的性能看,希望具有线性关系,即理想输入-输出关系。但实际遇到的传感器大多为非线性,如图 1-7 所示。

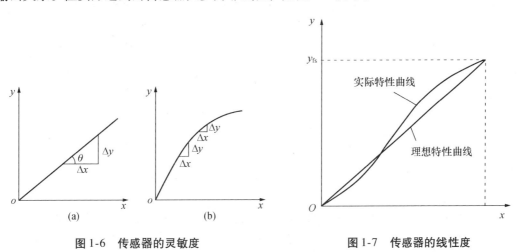

图 1-6 传感器的灵敏度　　　　图 1-7 传感器的线性度

在实际使用中,为了标定和数据处理的方便,希望得到线性关系,因此引入各种非线性补偿环节,如采用非线性补偿电路或计算机软件进行线性化处理,从而使传感器的输出与输入关系为线性或接近线性。但如果传感器非线性的方次不高,输入量变化范围较小时,可用一条直线(切线或割线)近似地代表实际曲线的一段,使传感器输入-输出特性线性化,所采用的直线称为拟合直线。

传感器的线性度是指在全量程范围内实际特性曲线与拟合直线之间的最大偏差值 Δ_{max} 与满量程输出值 y_{fs} 之比。线性度也称为非线性误差,用 E 表示,即:

$$E = \frac{\Delta_{max}}{y_{fs}} \times 100\% \quad (1-9)$$

3. 迟滞

传感器在输入量由小到大(正行程)及输入量由大到小(反行程)变化期间其输入-输出特性曲线不重合的现象称为迟滞,如图 1-8 所示。

也就是说,对于同一大小的输入信号,传感器的正、反行程输出信号大小不相等,这个差值称为迟滞差值。传感器在全量程范围内最大的迟滞差值 ΔH_{max} 与满量程输出值 y_{fs} 之比称为迟滞误差，用 E_{max} 表示，即：

$$E_{max} = \frac{\Delta H_{max}}{y_{fs}} \times 100\% \qquad (1-10)$$

4. 重复性

重复性是传感器在输入量按同一方向作全量程多次测试时，所得特性曲线不一致性的程度，如图1-9所示。

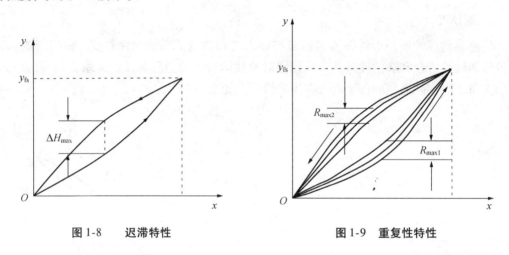

图1-8　迟滞特性　　　　　　　图1-9　重复性特性

图1-9中 R_{max1} 和 R_{max2} 为多次测试的不重复误差，多次测试的曲线越重合，其重复性越好。

传感器输出特性的不重复性主要由传感器的机械部分的磨损、间隙、松动，部件的内摩擦、积尘，电路元件老化、工作点漂移等原因产生。

不重复性极限误差由式（1-11）表示：

$$E_z = \frac{R_{max}}{y_{fs}} \times 100\% \qquad (1-11)$$

5. 分辨力

传感器的分辨力是在规定测量范围内所能检测的输入量的最小变化量。有时也用该值相对满量程输入值的百分数表示。

6. 稳定性

稳定性有短期稳定性和长期稳定性之分。传感器常用长期稳定性，指在室温条件下，经过相当长的时间间隔，如一天、一月或一年，传感器的输出与起始标定时的输出之间的差异。通常又用传感器的不稳定度来表征其稳定程度。

7. 漂移

传感器的漂移是指在外界的干扰下，输出量发生与输入量无关的不需要的变化。漂移包括零点漂移和灵敏度漂移等。零点漂移和灵敏度漂移又可分为时间漂移和温度漂移。

时间漂移是指在规定的条件下，零点或灵敏度随时间的缓慢变化；温度漂移为环境温度变化而引起的零点或灵敏度的变化。

1.4.2 动态特性

传感器的动态特性是指输入量随时间变化时传感器的响应特性。很多传感器要在动态条件下检测，被测量可能以各种形式随时间变化。只要输入量是时间的函数，则其输出量也将是时间的函数，其间的关系要用动特性来说明。

在动态（快速变化）的输入信号情况下，要求传感器能迅速准确地响应和再现被测信号的变化。也就是说，传感器要有良好的动态特性。最常用的是通过几种特殊的输入时间函数，例如阶跃函数和正弦函数来研究其响应特性，称为阶跃响应法和频率响应法。

1. 阶跃响应特性

在传感器初始状态为零的情况下，给传感器输入一个单位阶跃函数信号：

$$u(t) = \begin{cases} 0 & t \leq 0 \\ 1 & t > 0 \end{cases} \tag{1-12}$$

其输出特性称为阶跃响应特性，如图1-10所示。由图1-10可衡量阶跃响应的几项指标。

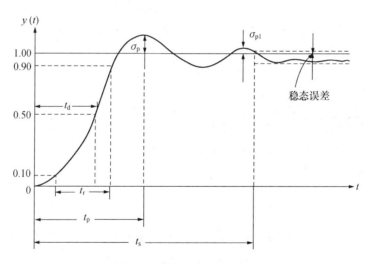

图1-10 传感器阶跃响应特性

（1）最大超调量 σ_p：响应曲线偏离阶跃曲线的最大值，常用百分数表示，能说明传感器的相对稳定性。

（2）延迟时间 t_d：传感器输出达到稳态值的50%所需的时间。

（3）上升时间 t_r：传感器输出达到稳态值的90%所需的时间。

（4）峰值时间 t_p：二阶传感器输出响应曲线达到第一个峰值所需的时间。

（5）响应时间 t_s：响应曲线逐渐趋于稳定，到与稳态值之差不超过±（5%～2%）所需要的时间，也称过渡过程时间。

2. 频率响应特性

传感器对不同频率成分的正弦输入信号的响应特性，称为频率响应特性。一个传感器输入端有正弦信号作用时，其输出响应仍然是同频率的正弦信号，只是与输入端正弦信号的幅值和相位不同。频率响应法是从传感器的频率特性出发研究传感器的输出与输入的幅值比和两者相位差的变化。

已知一阶传感器传递函数为：

$$H(S) = \frac{1}{\tau S + 1}$$

将式中的 s 用 $j\omega$ 代替后，即可得如下的频率特性表达式：

$$H(j\omega) = \frac{1}{\tau(j\omega) + 1} \tag{1-13}$$

幅频特性：

$$A(\omega) = \frac{1}{\sqrt{1 + (\omega\tau)^2}} \tag{1-14}$$

相频特性：

$$\Phi(\omega) = -\text{arctg}(\omega\tau) \tag{1-15}$$

从式（1-13）至式（1-15）和图 1-11 可看出，时间常数 τ 越小，频率响应特性越好。当 $\omega\tau \ll 1$ 时，$A(\omega) \approx 1$，$\Phi(\omega) \approx 0$，表明传感器输出与输入呈线性关系，且相位差也很小，输出 $y(t)$ 比较真实地反映了输入 $x(t)$ 的变化规律。因此减小 τ 可改善传感器的频率特性。

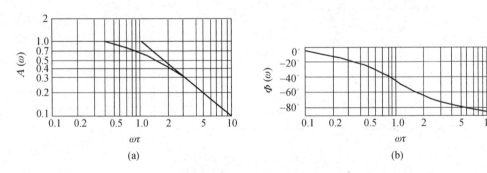

图 1-11　一阶传感器频率响应特性
（a）幅频特性；（b）相频特性

1.5　传感器性能的提高及标定与校准

1.5.1　传感器性能的提高方法

决定传感器性能的指标很多，要求一个传感器具有全面良好的性能指标，不仅给设计、制造造成困难，而且在实用上也没有必要。因此，应根据实际的需要与可能，在确保主要性能指标实现的基础上,放宽对次要性能指标的要求,以求得高的性能价格比。常采用的方法有:线性化技术,差动技术,平均技术,零位法、微差法和闭环技术,补偿与校正技术,集成化和智能化,屏蔽、隔离和抑制干扰,稳定性处理等。

1.5.2 传感器的标定与校准

1. 标定与校准的方法

利用某种标准器具对新研制或生产的传感器进行全面的技术检定和标度,称为标定;对传感器在使用中或储存后进行的性能复测,称为校准。

标定和校准的基本方法是:利用标准仪器产生已知的非电量,输入待标定的传感器中,然后将传感器输出量与输入的标准量作比较,获得一系列校准数据或曲线。

2. 静态标定

静态标定是指在输入信号不随时间变化的静态标准条件下,对传感器的静态特性如灵敏度、线性度、迟滞、重复性等指标的检定。其步骤如下。

(1) 将传感器的全量程分成若干等间隔点。

(2) 采用国家标准器(按基准器、一等标准器、二等标准器、三等标准器,其准确度逐级递减)对等间隔点由小到大,再由大到小重复输入记录。

(3) 对测量的数据进行处理,就可以确定传感器的线性度、灵敏度和重复性等静态特性。

3. 动态标定

对被标定传感器输入标准激励信号,测得输出数据,做出输出值与时间的关系曲线。由输出曲线与输入标准激励信号比较可以标定传感器的动态响应时间常数、幅频特性、相频特性等。

1.6 习 题

1. 什么叫做传感器?它由哪几部分组成?它们的作用及相互关系怎样?
2. 传感器分类方法有哪几种?它们各适合在什么情况下使用?
3. 传感器的静态特性是什么?由哪些性能指标描述?它们一般用哪些公式表示?
4. 传感器的动态特性是什么?其分析方法有哪几种?
5. 传感器数学模型的一般描述方法有哪些?为什么说建立其模型是必要又很困难的?
6. 试分析 $A\dfrac{\mathrm{d}y(t)}{\mathrm{d}t} + By(t) = Cx(t)$ 传感器系统的频率响应特性。

第 2 章　温度传感器

本章要点

- 温度传感器将温度变化转化成其他物理量的变化后进行测量；
- 热电偶、金属热电偶、负温度系数热敏电阻、集成温度传感器的工作原理；
- 简单实用的温度测量和控制电路。

2.1　温度测量概述

温度是表征物体冷热程度的物理量。在人类社会的生产、科研和日常生活中，温度的测量占有重要的地位。但是温度不能直接测量，需要借助于某物体的某种物理参数随温度冷热不同而明显变化的特性进行间接测量。

温度的表示（或测量）必须有温度标准，即温标。理论上的热力学温标，是当前世界通用的国际温标。

热力学温标确定的温度数值为热力学温度（符号为 T），单位为开尔文（符号为 K）。热力学温度是国际上公认的最基本温度。我国目前实行的为国际摄氏温度（符号为 t）。两种温标的换算公式为：

$$t/(\text{°C}) = T/(\text{K}) - 273.15 \tag{2-1}$$

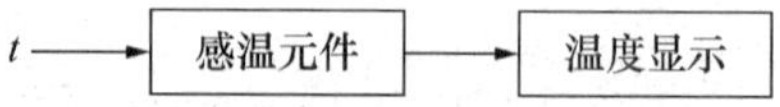

图 2-1　温度传感器组成框图

进行间接温度测量使用的温度传感器，通常是由感温元件部分和温度显示部分组成，如图 2-1 所示。

温度的测量方法，通常按感温元件是否与被测物接触而分为接触式测量和非接触式测量两大类。接触式测量应用的温度传感器具有机构简单、工作稳定可靠及测量精度高等优点，如膨胀式温度计、热电阻传感器等。非接触式测量应用的温度传感器具有测量温度高、不干扰被测量物温度等优点，但测量精度不高，如红外高温传感器、光纤高温传感器等。

2.2　热电偶传感器

热电偶在温度的测量中应用十分广泛。它构造简单，使用方便，测温范围宽，并且有较高的精确度和稳定性。

2.2.1 热电偶测温原理

1. 热电效应

如图 2-2 所示,两种不同材料的导体组成一个闭合回路时,若两接点温度不同,则在该回路中会产生电动势。这种现象称为热电效应,该电动势称为热电动势。热电动势是由两种导体的接触电动势和单一导体的温度差电动势组成。图 2-2 中两个接点,一个称为测量端,或称热端;另一个称为参考端(自由端),或称冷端。热电偶就是利用了上述的热电效应来测量温度的。

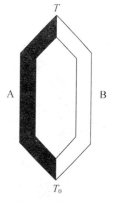

图 2-2 热电效应

2. 两种导体的接触电势

假设两种金属 A、B 的自由电子密度分别为 n_A 和 n_B,且 $n_A > n_B$。当两种金属相接时,将产生自由电子的扩散现象。在同一瞬间,由 A 扩散到 B 中去的电子比由 B 扩散到 A 中去的多,从而使金属 A 失去电子带正电;金属 B 因得到电子带负电,在接触面形成电场。此电场阻止电子进一步扩散,达到动态平衡时,在 A、B 之间形成稳定的电位差,即接触电势 e_{AB},如图 2-3 所示。

3. 单一导体的温差电势

对于单一导体,如果两端温度分别为 T、T_0,且 $T > T_0$,如图 2-4 所示,则导体中的自由电子,在高温端具有较大的动能,因而向低温端扩散;高温端因失去了自由电子带正电,低温端获得了自由电子带负电,即在导体两端产生了电动势,这个电势称为单一导体的温差电动势。

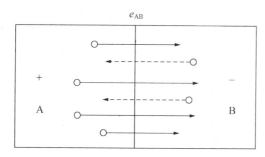

图 2-3 两种导体的接触电势

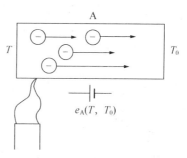

图 2-4 单一导体温差电动势

由图 2-5 可知,热电偶电路中产生的总热电动势为:

$$E_{AB}(T, T_0) = e_{AB}(T) + e_B(T, T_0) - e_{AB}(T_0) - e_A(T, T_0) \qquad (2-2)$$

或用摄氏温度表示:

$$E_{AB}(t, t_0) = e_{AB}(t) + e_B(t, t_0) - e_{AB}(t_0) - e_A(t, t_0) \qquad (2-3)$$

在式(2-2)中,$E_{AB}(T, T_0)$ 为热电偶电路中的总电动势;$e_{AB}(T)$ 为热端接触电动势;$e_B(T, T_0)$ 为 B 导体的温差电动势;$e_{AB}(T_0)$ 为冷端接触电动势;$e_A(T, T_0)$ 为 A 导体的温差电动势。

在总电动势中,温差电动势比接触电动势小很多,可忽略不计,则热电偶的热电动

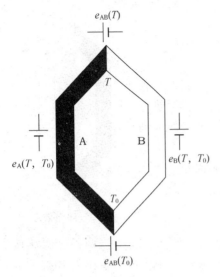

图 2-5 接触电势示意图

势可表示为：

$$E_{AB}(T, T_0) = e_{AB}(T) - e_{AB}(T_0) \quad (2\text{-}4)$$

对于已选定的热电偶，当参考端温度 T_0 一定时，$e_{AB}(T_0) = C$ 为常数，则总的热电动势就只与温度 T 成单值函数关系，即：

$$E_{AB}(T, T_0) = e_{AB}(T) - C = f(T) \quad (2\text{-}5)$$

实际应用中，热电动势与温度之间的关系是通过热电偶分度表来确定的。分度表是在参考端温度为 0 摄氏度时，通过实验建立起来的热电动势与工作端温度之间的数值对应关系。

4. 热电偶的基本定律

（1）中间导体定律。

在热电偶回路中接入第三种导体，只要该导体两端温度相等，则热电偶产生的总热电动势不变。同理，加入第四、第五种导体后，只要其两端温度相等，同样影响电路中的总热电动势。如图 2-6 所示，可得电路总的热电动势为：

$$E_{ABC}(T, T_0) = e_{AB}(T) - e_{AB}(T_0) = E_{AB}(T, T_0) \quad (2\text{-}6)$$

根据这个定律，可采取任何方式焊接导线，将热电动势通过导线接至测量仪表进行测量，且不影响测量精度。

（2）中间温度定律。

在热电偶测量回路中，测量端温度为 T，自由端温度为 T_0，中间温度为 T_0'，如图 2-7 所示。则 T，T_0 电动势等于 T，T_0' 电动势与 T_0'，T_0 电动势的代数和。即：

$$E_{AB}(T, T_0) = E_{AB}(T, T_0') + E_{AB}(T_0', T_0) \quad (2\text{-}7)$$

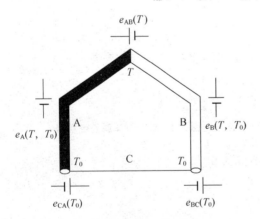

图 2-6 中间导体定律示意图

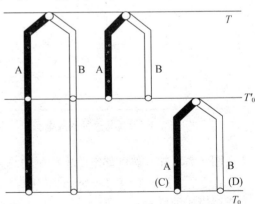

图 2-7 中间温度定律示意图

显然，选用廉价的热电偶 C、D 代替 T_0'、T_0 热电偶 A、B，只要在 T_0'、T_0 温度范围 C、D 与 A、B 热电偶具有相近的热电动势特性，便可使测量距离加长，测量成本大为降低，而且不受原热电偶自由端温度 T_0' 的影响。这就是在实际测量中，对冷端温度进行修正,运用补偿导线延长测温距离,消除热电偶自由端温度变化影响的道理。

这里必须说明,同种导体构成的闭合电路中,不论导体的截面和长度如何,以及各处温度分布如何,都不能产生热电动势。

(3)参考电极定律(也称组成定律)。

如图2-8所示,已知热电极A、B与参考电极C组成的热电偶在结点温度为(T, T_0)时的热电动势分别为$E_{AC}(T, T_0)$、$E_{BC}(T, T_0)$,则相同温度下,由A、B两种热电极配对后的热电动势$E_{AB}(T, T_0)$可按下面公式计算:

$$E_{AB}(T, T_0) = E_{AC}(T, T_0) - E_{BC}(T, T_0) \tag{2-8}$$

参考电极定律大大简化了热电偶选配电极的工作,只要获得有关热电极与参考电极配对的热电动势,那么任何两种热电极配对时的电动势均可利用该定律计算,而不需要逐个进行测定。

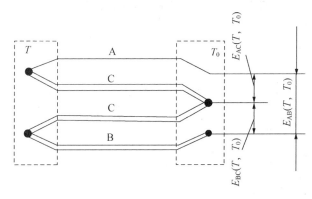

图2-8 参考电极定律示意图

【例2-1】 当T为100℃,T_0为0℃时,铬合金-铂热电偶的$E(100℃, 0℃) = +3.13\,\text{mV}$,铝合金-铂热电偶$E(100℃, 0℃)$为$-1.02\,\text{mV}$,求铬合金-铝合金组成热电偶的热电势$E(100℃, 0℃)$。

解:设铬合金为A,铝合金为B,铂为C。

即: $E_{AC}(100℃, 0℃) = +3.13\,\text{mV}$

$E_{BC}(100℃, 0℃) = -1.02\,\text{mV}$

则: $E_{AB}(100℃, 0℃) = +4.15\,\text{mV}$

2.2.2 热电偶的结构形式及热电偶材料

1. 普通型热电偶

如图2-9所示是工业测量上应用最多的普通型热电偶,它一般由热电极、绝缘套管、保护管和接线盒组成。普通型热电偶按其安装时的连接形式可分为固定螺纹连接、固定法兰连接、活动法兰连接、无固定装置等多种形式。

2. 铠装热电偶(缆式热电偶)

铠装热电偶也称缆式热电偶,如图2-10所示,它是将热电偶丝与电熔氧化镁绝缘物熔铸在一起,外表再套不锈钢管等构成。这种热电偶耐高压、反应时间短、坚固耐用。

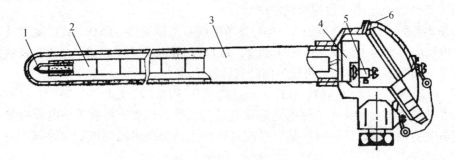

图2-9　直形无固定装置普通工业用热电偶
1-热电极；2-绝缘瓷管；3-保护管；4-接线座；5-接线柱；6-接线盒

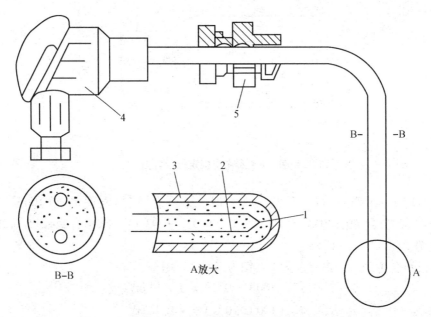

图2-10　铠装热电偶
1-热电极；2-绝缘材料；3-金属套管；4-接线盒；5-固定装置

3. 薄膜热电偶

薄膜热电偶如图2-11所示。用真空镀膜技术或真空溅射等方法,将热电偶材料沉积在绝缘片表面而构成的热电偶称为薄膜热电偶。薄膜热电偶的测量范围为－200～500℃,热电极材料多采用铜-康铜、镍铬-镍硅等,用云母做绝缘基片,主要适用于各种表面温度的测量。当测量范围为500～1800℃时,热电极材料多用镍铬-镍硅、铂铑-铂等,用陶瓷做基片。

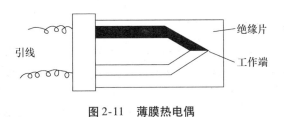

图2-11 薄膜热电偶

4. 热电偶组成材料及分度表

理论上讲，任何两种不同材料导体都可以组成热电偶，但为了准确可靠地进行温度测量，必须对热电偶组成材料严格选择。目前工业上常用的4种标准化热电偶材料为：铂铑30-铂铑6、铂铑10-铂、镍铬-镍硅和镍铬-铜镍（我国通常称为镍铬-康铜）。组成热电偶的两种材料写在前面的为正极，后面的为负极。

热电偶的热电动势与温度之关系表，称为分度表。

2.2.3 热电偶测温及参考端温度补偿

1. 热电偶测温基本电路

图2-12（a）表示了测量某点温度的连接示意图；图2-12（b）表示两个热电偶并联连接，测量两点平均温度的连接示意图；图2-12（c）为两热电偶正向串联连接，可获得较大的热电动势输出，提高了测试灵敏度，也可测两点温度之和；图2-12（d）为两热电偶反向串联连接，可以测量两点的温差。在应用热电偶串、并联测温时，应注意两点：第一，必须应用同一分度号的热电偶；第二，两热电偶的参考端温度应相等。

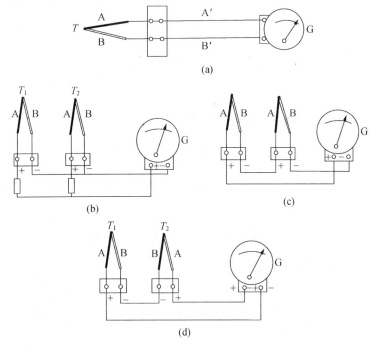

图2-12 常用的热电偶测温电路示意图

2. 热电偶参考端的补偿

以摄氏温度表示的热电偶分度表给出的热电势值的条件是参考端温度为0℃。如果用热电偶测温时参考端温度不为0℃，且又不适当处理，就必然产生测量误差。下面介绍几种热电偶参考端温度补偿方法。

设热电偶测量温度为t，参考端温度为t_0（$\neq 0℃$），根据中间温度定律得：

$$E(t, 0℃) = E(t, t_0) + E(t_0, 0℃) \qquad (2-9)$$

式（2-9）中，$E(t, 0℃)$是热电偶测量端温度为t、参考端为0℃时的热电动势；而$E(t, t_0)$是热电偶测量端温度为t、参考端温度为t_0时所实测得的热电动势值；$E(t_0, 0℃)$是热电偶参考端温度为t_0时应加的修正值，只要已知t_0，就可由热电偶分度表查出此修正值。

因此，只要知道热电偶参考端的温度t_0，就可从热电偶分度表（或分度曲线）查出对应的热电动势值$E(t_0, 0℃)$；然后把这个热电动势值与实测的热电动势值$E(t, t_0)$相加，得出测量端温度为t、参考端温度为0℃时的热电动势值$E(t, 0℃)$；最后再由热电偶分度表查出被测介质的真实温度。例如用K型（镍铬-镍硅）热电偶测炉温时，参考端温度$t_0 = 30℃$，由分度表可查得$E(30℃, 0℃) = 1.203 \text{ mV}$，若测炉温时测得$E(t, 30℃) = 28.344 \text{ mV}$，则可计算得：

$$E(t, 0℃) = E(t, 30℃) + E(30℃, 0℃) = 28.344 \text{ mV} + 1.203 \text{ mV} = 29.547 \text{ mV}$$

再查分度表可知$t = 710℃$。

如果参考端温度不稳定，会使温度测量误差加大。为使热电偶测量准确，在测温时，可采用配套的补偿导线将参考端延伸到温度稳定处再进行温度测量。在使用热电偶补偿导线时，要注意型号相配，极性不能接错，热电偶与补偿导线连接端的温度不应超过100℃。

2.3 金属热电阻传感器

金属热电阻传感器一般称作热电阻传感器，是利用金属导体的电阻值随温度的变化而变化的原理进行测温的。最基本的热电阻传感器是由热电阻、连接导线及显示仪表组成，如图2-13所示。热电阻广泛用来测量$-220 \sim +850℃$范围内的温度，少数情况下，低温可测量至1 K（$-272℃$），高温可测量至1 000℃。金属热电阻的主要材料是铂和铜。

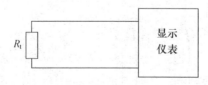

图2-13　金属热电阻传感器测量示意图

2.3.1 热电阻的温度特性

热电阻的温度特性，是指热电阻 R_t 随温度变化而变化的特性，即 $R_t - t$ 之间的函数关系。

1. 铂热电阻的电阻-温度特性

铂电阻的特点是测温精度高，稳定性好，所以在温度传感器中得到了广泛应用。铂电阻的应用范围为 $-200 \sim +850$℃。

铂电阻的电阻-温度特性方程，在 $-200 \sim 0$℃ 的温度范围内为：

$$R_t = R_0[1 + At + Bt^2 + Ct^3(t - 100)] \tag{2-10}$$

在 $0 \sim +850$℃ 的温度范围内为：

$$R_t = R_0(1 + At + Bt^3) \tag{2-11}$$

式（2-10）和式（2-11）中 R_t 和 R_0 分别为 t 和 0℃ 时的铂电阻值；A、B 和 C 为常数，其数值为：

$$A = 3.9684 \times 10^{-3}/℃$$
$$B = -5.847 \times 10^{-7}/℃^2$$
$$C = -4.22 \times 10^{-12}/℃^4$$

由上可知 $t = 0$℃ 时的铂电阻值为 R_0，我国规定工业用铂热电阻值有 $R_0 = 10\ \Omega$ 和 $R_0 = 100\ \Omega$ 两种，它们的分度号分别为 Pt_{10} 和 Pt_{100}，其中 Pt_{100} 为常用。铂电阻不同分度号亦有相应分度表，即 R_t-t 的关系表，这样在实际测量中，只要测得热电阻的阻值 R_t，便可从分度表上查出对应的温度表。

2. 铜热电阻的电阻-温度特性

由于铂是贵金属，故在测量精度要求不高，温度范围在 $-50 \sim +150$℃ 时普遍采用铜电阻。铜电阻与温度间的关系为：

$$R_t = R_0(1 + \alpha_1 t + \alpha_2 t^2 + \alpha_3 t^3) \tag{2-12}$$

由于 α_2、α_3 比 α_1 小得多，所以可以简化为：

$$R_t \approx R_0(1 + \alpha_1 t) \tag{2-13}$$

式（2-12）和式（2-13）中，R_t 是温度为 t 时铜电阻值；R_0 是温度为 0℃ 时铜电阻值；α_1 是常数，$\alpha_1 = 4.28 \times 10/℃$。

铜电阻的 R_0 分度号 Cu_{50} 为 $50\ \Omega$，Cu_{100} 为 $100\ \Omega$。

铜易于提纯，价格低廉，电阻-温度特性线性较好；但电阻率仅为铂的几分之一。因此，铜电阻所用阻丝细而且长，机械强度较差，热惯性较大；在温度高于 100℃ 以上或侵蚀性介质中使用时，易氧化，稳定性较差。因此，铜电阻只能用于低温及无侵蚀性的介质中。

2.3.2 热电阻传感器的结构

热电阻传感器由电阻体、绝缘套管、保护套管、引线和接线盒等组成，如图 2-14 所示。

热电阻传感器外接引线如果较长时，引线电阻的变化会使测量结果有较大误差，为减小误差，可采用三线式电桥连接法测量电路或四线电阻测量电路，具体可参考有关资料。

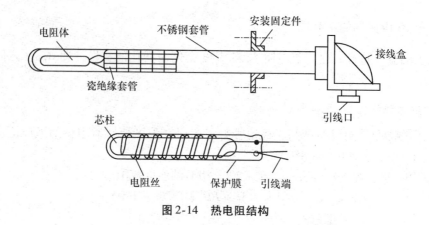

图 2-14 热电阻结构

2.4 集成温度传感器

集成温度传感器具有体积小、线性好、反应灵敏等优点，所以应用十分广泛。集成温度传感器是把感温元件（常为 PN 结）与有关的电子线路集成在很小的硅片上封装而成。由于 PN 结不耐高温，所以集成温度传感器通常测量 150℃ 以下的温度。集成温度传感器按输出量不同可分为电流型、电压型和频率型三大类。电流型输出阻抗很高，可用于远距离精密温度遥感和遥测，而且不用考虑接线引入损耗和噪声。电压型输出阻抗低，易于同信号处理电路连接。频率输出型易与微型计算机连接。按输出端个数分，集成温度传感器可分为三端式和两端式两大类。

2.4.1 集成温度传感器基本工作原理

图 2-15 为集成温度传感器原理示意图。其中 V_1、V_2 为差分对管，由恒流源提供的 I_1、I_2 分别为 V_1、V_2 的集电极电流，则 ΔU_{be} 为：

$$\Delta U_{be} = \frac{KT}{q}\ln\left(\frac{I_1}{I_2}\gamma\right) \tag{2-14}$$

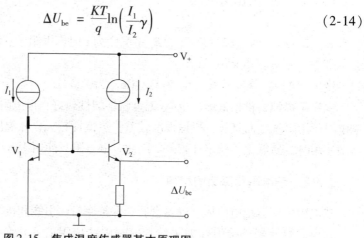

图 2-15 集成温度传感器基本原理图

式（2-14）中，K 为波尔兹曼常数；q 为电子电荷量；T 为绝对温度；γ 为 V_1 和 V_2 发射极面积之比。

由式（2-14）可知，只要 I_1/I_2 为一恒定值，则 ΔU_{be} 与温度 T 为单值线性函数关系。这就是集成温度传感器的基本工作原理。

2.4.2 电压输出型集成温度传感器

图 2-16 所示电路为电压输出型集成温度传感器。V_1、V_2 为差分对管，调节电阻 R_1，可使 $I_1 = I_2$，当对管 V_1、V_2 的 β 值大于等于 1 时，电路输出电压 U_0 为：

$$U_0 = I_2 R_2 = \frac{\Delta U_{be}}{R_1} R_2 \tag{2-15}$$

由此可得：

$$\Delta U_{be} = \frac{U_0 R_1}{R_2} = \frac{KT}{q}\ln\gamma \tag{2-16}$$

由式（2-16）可知 R_1、R_2 不变，则 U_0 与 T 呈线性关系。若 $R_1 = 940\,\Omega$，$R_2 = 30\,\text{K}\Omega$，$\gamma = 37$，则电路输出温度系数为 10 mV/K。

2.4.3 电流输出型集成温度传感器

电流输出型集成温度传感器原理电路如图 2-17 所示。对管 V_1、V_2 作为恒流源负载，V_3、V_4 作为感温元件，V_3、V_4 发射极面积之比为 γ，此时电流源总电流 I_T 为：

$$I_T = 2I_1 = \frac{2\Delta U_{be}}{R} = \frac{2KT}{qR}\ln\gamma \tag{2-17}$$

由式（2-17）可知，当 R、γ 为恒定量时，I_T 与 T 呈线性关系。若 $R = 358\,\Omega$，$\gamma = 8$，则电路输出温度系数为 1 μA/K。

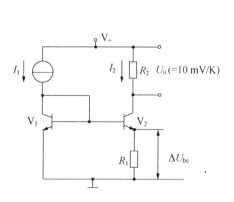

图 2-16　电压输出型原理电路图

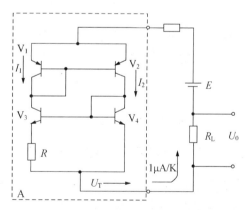

图 2-17　电流输出型原理电路图

2.5　半导体热敏电阻

半导体热敏电阻简称热敏电阻，是一种新型的半导体测温元件。热敏电阻是利用某些金属氧化物或单晶锗、硅等材料，按特定工艺制成的感温元件。热敏电阻可分为3种类型，即：正温度系数（PTC）热敏电阻，负温度系数（NTC）热敏电阻，以及在某一特定温度下电阻值会发生突变的临界温度电阻器（CTR）。

2.5.1 热敏电阻的（R_t-t）特性

图 2-18 列出了不同种类热敏电阻的 R_t-t 特性曲线。曲线 1 和曲线 2 为负温度系数（NTC 型）曲线，曲线 3 和曲线 4 为正温度系数（PTC 型）曲线。由图 2-18 中可以看出 2、3 特性曲线变化比较均匀，所以符合 2、3 特性曲线的热敏电阻，更适用于温度的测量，而符合 1、4 特性曲线的热敏电阻因特性变化陡峭则更适用于组成温控开关电路。

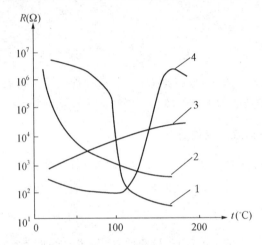

图 2-18　各种热敏电阻的特性曲线

1-突变型 NTC；2-负指数型 NTC；3-线性型 PTC；4-突变型 PTC

由热敏电阻 R_t-t 特性曲线还可得出如下结论。

（1）热敏电阻的温度系数值远大于金属热电阻，所以灵敏度很高。

（2）同温度情况下，热敏电阻阻值远大于金属热电阻，所以连接导线电阻的影响极小，适用于远距离测量。

（3）热敏电阻 R_t-t 曲线非线性十分严重，所以其测量温度范围远小于金属热电阻。

2.5.2 热敏电阻温度测量非线性修正

由于热敏电阻 R_t-t 曲线非线性严重，为保证一定范围内温度测量的精度要求，应进行非线性修正。常用方法有以下几种。

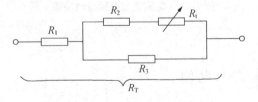

图 2-19　线性化网络

1. 线性化网络

利用包含有热敏电阻的电阻网络（常称线性化网络）来代替单个的热敏电阻，使网络电阻 R_T 与温度成单值线性关系，其一般形式如图 2-19 所示。

2. 综合修正

利用电阻测量装置中其他部件的特性进行综合修正。如图 2-20 所示是一个温度-频率转换电路,虽然电容 C 的充电特性是非线性特性,但适当地选取线路中的电阻 r 和 R,可以在一定的温度范围内得到近于线性的温度-频率转换特性。

3. 计算修正法

在带有微处理机(或微计算机)的测量系统中,当已知热敏电阻器的实际特性和要求的理想特性时,可采用线性插值法将特性分段,并把各分段点的值存放在计算机的存储器内。

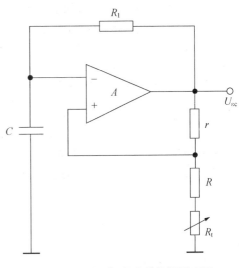

图 2-20 温度-频率转换器原理图

计算机将根据热敏电阻器的实际输出值进行校正计算后,给出要求的输出值。

2.6 负温度系数热敏电阻

2.6.1 负温度系数热敏电阻性能

负温度系数(NTC)热敏电阻是一种氧化物的复合烧结体,其电阻值随温度的增加而减小。其外形结构有多种形式,如图 2-21 所示,做成传感器时还需要封装和用长导线引出。

与金属热电阻相比,负温度系数(NTC)热敏电阻的特点如下。

(1)电阻温度系数大,约为金属热电阻的 10 倍。
(2)结构简单、体积小,可测点温。
(3)电阻率高,热惯性小,适用于动态测量。

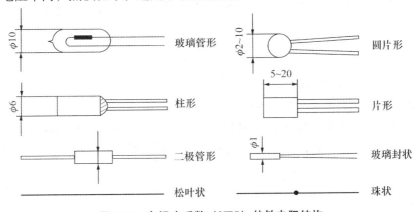

图 2-21 负温度系数(NTC)热敏电阻结构

(4) 易于维护和进行远距离控制。

(5) 制造简单,使用寿命长。

(6) 互换性差,非线性严重。

2.6.2 负温度系数热敏电阻温度方程

由半导体电子学可知,半导体材料的电阻率热敏电阻值 ρ 具有随温度变化的性质,即:

$$\rho = f(T) \tag{2-18}$$

实验和理论表明,具有负温度系数的半导体材料的电阻率 ρ 随温度升高而减小,这样,就可以用式(2-19)所示的经验公式来描述:

$$R_T = R_0 e^{(B/T_T - B/T_0)} \tag{2-19}$$

2.6.3 负温度系数热敏电阻主要特性

1. 标称阻值

厂家通常将热敏电阻 25℃ 时的零功率电阻值作为 R_0,称为额定电阻值或标称阻值,记作 R_{25},85℃ 时的电阻值 R_{85} 作为 R_T。标称阻值常在热敏电阻上标出。热敏电阻上标出的标称阻值与用万能表测出的读数不一定相等。这是由于标称阻值是用专用仪器在 25℃ 时,并且在无功率发热的情况下测得的;而用万用表测量时有一定的电流通过热敏电阻而产生热量,且测量时不可能正好是 25℃,所以不可避免地产生误差。

2. B 值

将热敏电阻 25℃ 时的零功率电阻值 R_0 和 85℃ 时的零功率电阻值 R_T,以及 25℃ 和 85℃ 的绝对温度 $T_0 = 298\text{ K}$ 和 $T_T = 358\text{ K}$ 代入负温度系数热敏电阻温度方程,可得:

$$B = 1778\ln\frac{R_{25}}{R_{85}} \tag{2-20}$$

用式(2-20)计算获得的 B 值称为热敏电阻常数,是表征负温度系数热敏电阻热灵敏度的量,单位为 K。B 值越大,负温度系数热敏电阻的热灵敏度越高。

3. 电阻温度系数 σ

热敏电阻在其自身温度变化 1℃ 时,电阻值的相对变化量称为热敏电阻的电阻温度系数 σ。

$$\sigma = -\frac{B}{T^2} \tag{2-21}$$

由式(2-21)可知以下两点。

(1) 热敏电阻的温度系数为负值。

(2) 温度减小,电阻温度系数 σ 增大。在低温时,负温度系数热敏电阻的温度系数比金属热电阻丝高得多,故常用于低温测量(-100~300℃)。通常给出的是 25℃ 时的温度系数,单位为 ℃$^{-1}$。

4. 额定功率

额定功率是指负温度系数热敏电阻在环境温度为 25℃,相对湿度为 45%~80%,大气压为 0.87～1.07 bar（87～107 kPa）的条件下，长期连续负荷所允许的耗散功率。

5. 耗散系数 δ

耗散系数 δ 是负温度系数热敏电阻流过电流消耗的热功率（W）与自身温升值（$T - T_0$）之比，单位为 $W \cdot ℃^{-1}$。

$$\delta = \frac{W}{T - T_0} \tag{2-22}$$

当流过热敏电阻的电流很小，不足以使之发热时，电阻值只决定于环境温度，用于环境温度测量误差很小。当流过热敏电阻的电流达到一定值时，热敏电阻自身温度会明显升高，测量环境温度时，要注意消除由于热敏电阻自身的温升而带来的测量误差。

6. 热时间常数 τ

负温度系数热敏电阻在零功率条件下放入环境温度中，不可能立即变为与环境温度同温度。热敏电阻本身的温度在放入环境温度之前的初始值和达到与环境温度同温度的最终值之间改变 63.2% 所需的时间叫做热时间常数，用 τ 表示。

2.7 温度传感器应用实例

2.7.1 双金属温度传感器的应用

1. 双金属温度传感器室温测量的应用

双金属温度传感器结构简单，价格便宜，刻度清晰，使用方便，耐振动，常用于驾驶室、船舱、粮仓等室内温度测量。如图 2-22 所示为盘旋形双金属温度计，它采用膨胀系数不同的两种金属片牢固黏合在一起组成的双金属片作为感温元件，其一端固定，另一端为参考端。当温度变化时，该双金属片由于两种金属膨胀系数不同而产生弯曲，参考端的位移通过传动机构带动指针指示出相应的温度。

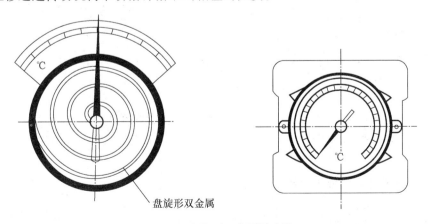

图 2-22 盘旋形双金属温度计

2. 双金属温度传感器在电冰箱中的应用

电冰箱压缩机温度保护继电器内部的感温元件是一片碟形的双金属片，如图 2-23 (a)、(b) 所示。由图 2-23 (c)、(d) 可以看出在双金属片上固定着两个动触头。正常时，这两个动触头与固定的两个静触头组成两个常闭触点。在蝶形双金属片的下面还安放着一根电热丝。该电热丝与这两个常闭触点串联连接。整个保护继电器只有两根引出线，在电路中，它与压缩机电动机的主电路串联。流过压缩机电动机的电流必定流过它的常闭触点和电热丝。

压缩机工作正常时，也有电流流过电热丝，但因电流较小，电流丝发出的热量不能使双金属片翻转，所以常闭触点维持闭合状态，如图 2-23 (c) 所示。如果由于某种原因使压缩机电动机中的电流过大时，这一大电流流过电热丝后，使它很快发热，放出的热量使蝶形双金属片温度迅速升高至其动作温度，蝶形双金属片翻转，带动常闭触点断开，切断压缩机电动机的电源，保护全封闭式压缩机不至于损坏，如图 2-23 (d) 所示。

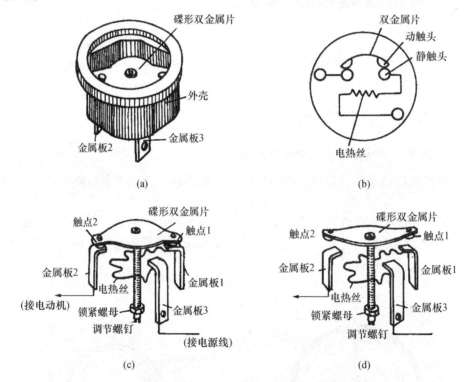

图 2-23 碟形双金属温度传感器工作过程
(a) 外形；(b) 内部电路；(c) 工作正常，触点闭合；(d) 工作异常，触点断开

2.7.2 热敏电阻温度传感器的应用

1. 热敏电阻在汽车水箱温度测量中的应用

如图 2-24 所示为汽车水箱水温监测电路。其中 R_t 为负温度系数热敏电阻，用于温度

显示的表头为电磁式表示。由于汽车水箱水温测量范围小,要求精度不高,所以电路十分简单。测量电路的连接为:

电源→开关→阻流电阻→表头线圈L_1 → 热敏电阻R_t → 接地(搭铁)
　　　　　　　　　　　　　→ 表头线圈L_2 →

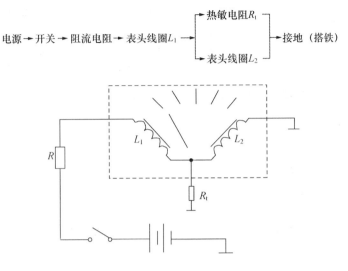

图 2-24　汽车水箱测温电路

2. 热敏电阻在空调器控制电路中的应用

热敏电阻在空调器中应用十分广泛,这里列举春兰牌 KFR-20 GW 型冷热双向空调中热敏电阻的应用,如图 2-25 所示。

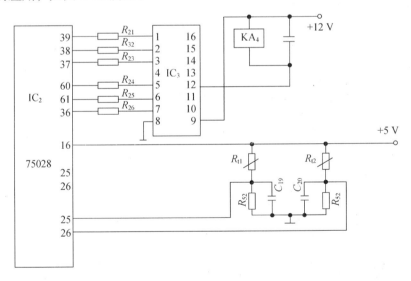

图 2-25　热敏电阻在空调控制电路中的应用

负温度系数的热敏电阻 R_{t1} 和 R_{t2} 分别是化霜传感器和室温传感器。室内温度变化会引起 R_{t2} 阻值的变化,从而使 IC_2 第 26 脚的电位变化。当室内温度在制冷状态低于设定温度或在制热状态高于设定温度时,IC_2 第 26 脚电位的变化量达到能启动单片机的中断程序,使压缩机停止工作。

在制热运动时,除霜由单片机自动控制。化霜开始条件为 -8℃,化霜结束条件为 8℃。随着室外温度的下降,室外传感器 R_{t1} 的阻值增大,IC_2 第25脚的电位随之降低。当室外温度降低到 -8℃ 时,IC_2 的第25脚转化为低电平。单片机感受到这一电平变化,便使60脚输出低电平,继电器 KA_4 释放,电磁四通换向阀线圈断电,空调器转化为制冷循环。同时,室内外风机停止运转,以便不向室内送入冷气。压缩机排出的高温气态制冷剂进入室外热交换器,使其表面凝结的霜溶化。化霜结束,室外热交换器温度升高到 8℃,R_{t1} 的阻值减小到使 IC_2 第25脚变为高电平,单片机检测到这一信号变化,则 IC_2 的60脚重新输出高电平,继电器 KA_4 通电吸合,电磁四通换向阀线圈通电,恢复制热循环。

2.7.3 晶体管温度传感器的应用

1. 热敏二极管温度传感器应用举例

半导体二极管正向电压与温度的关系如图2-26所示。IN457为硅二极管,IN270为锗二极管,利用这种特性可将温度转化成电压,完成温度传感器的功能。

图2-27是采用硅二极管温度传感器的测量电路,其输出端电压值随温度而变化。温度每变化 1℃,输出电压变化量为 0.1 V。

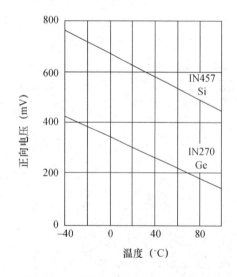

图2-26 二极管正向电压-温度特性曲线

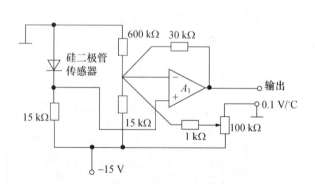

图2-27 二极管温度传感器的温度监测电路

2. 晶体三极管温度传感器应用举例

NPN型热敏晶体管在 IC 恒定时,基极-发射极间电压 U_{be} 随温度变化曲线如图2-28所示,利用这种关系,可把温度变化转换成电压进行温度测量。图2-29为晶体管温度传感器的一种温度测量电路,温度每变化 1℃,输出电压变化 0.1 V。

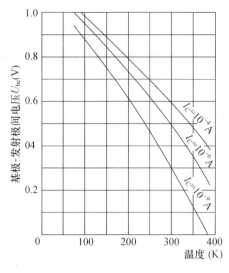

图 2-28 硅晶体管 U_{be} 与温度之间的关系

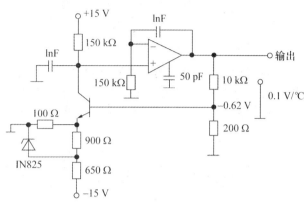

图 2-29 晶体管温度传感器的温度测量电路

2.7.4 集成温度传感器应用举例

1. AD590 集成温度传感器应用电路

AD590 是应用广泛的一种集成温度传感器,由于它内部有放大电路,再配上相应的外电路,故可方便地构成各种应用电路。

图 2-30 为一简单测温电路。AD590 在 25℃(298.2 K)时,理想输出电流为 298.2 μA,但实际上存在一定误差,可以在外电路中进行修正。将 AD590 串联一个可调电阻,在已知温度下调整电阻值,使输出电压 U_R 满足 1 mV/K 的关系(如 25℃时,U_R 应为 298.2 mV)。调整好以后,固定可调电阻,即可由输出 U_R 读出 AD590 所处的热力学温度。

集成温度传感器用于热电偶参考端的补偿电路如图 2-31 所示,AD590 应与热电偶参考端处于同一温度下。AD580 是一个三端稳压器,其输出电压 $U_0 = 2.5$ V。电路工作时调整电阻 R_2 使得:

$$I_1 = t_0 \times 10^{-3}$$

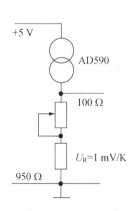

图 2-30 简单测温电路

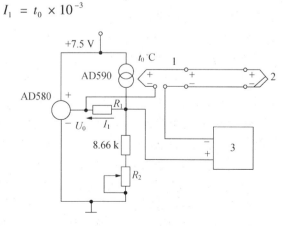

图 2-31 热电偶参考端补偿电路

式中 I_1 的单位为 mA，这样在电阻 R_1 上产生一个随参考端温度 t_0 变化的补偿电压 $U_1 = I_1 R_1$。

若热电偶参考端温度为 t_0，补偿时应使 U_1 与 $E_{AB}(t_0, 0℃)$ 近似相等即可。不同分度号的热电偶，R_1 的阻值亦不同。这种补偿电路灵敏、准确、可靠且调整方便。

2. LM334 集成温度传感器应用电路

LM334 是三端电流输出型温度传感器，其输出电流对于环境温度为线性变化。用外加电阻 R_s 在 $2 \times 10^{-6} \sim 5 \times 10^{-3}$ A 的范围内自由调节初始设定的输出电流 I_s。如果外加电阻为 R_s（即图 2-32 中的 R_9^*），则 25℃时设定电流为 $I_s = 67.7\ \mu A$。

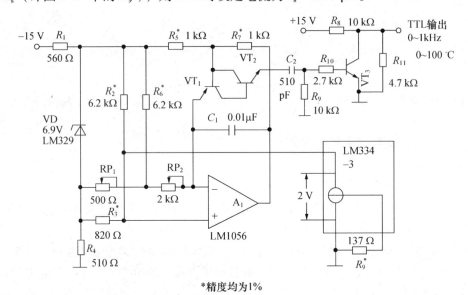

*精度均为 1%

图 2-32　LM334 的应用电路

LM334 工作电压范围较宽，为 $0.8 \sim 40$ V，但工作电压高时，自身发热大，因此建议低电压使用。采用 LM334 的温度-频率转换电路如图 2-32 所示。接在 LM334 的电阻 R_s 为基准电阻，所以必须选用温度系数小的电阻。图 2-32 中 R_s 为 137 Ω，25℃时，输出电流为 494 μA。

图 2-32 中 A_1 的同相输入端电压是对 VD 电压进行分压，在这点上引出 LM334 与温度有关的电流，变为下拉电压，约 2 V，低于 VD 的阳极电位。

图 2-32 中 A_1 的反相输入侧的 R_6^* 与 RP$_1$ 连接点电位比同相输入端高。另外，接在 A_1 反向输入端的 RP$_2$ 与 C_1 构成积分电路，使 C_1 负向充电，结果 A_1 的输出电位随时间增长逐渐降低。

电路中，VT$_1$ 的基极接到 A_1 输出与恒定电位（VD 阴极）的电阻分压点，发射极为恒定电位，随着 A_1 输出电位下降，当 VT$_1$ 的 U_{be} 降到 -0.6 V 左右，VT$_1$ 和 VT$_2$ 导通，C_1 电荷通过其放电。随着 C_1 放电，A_1 输出电位逐渐增高，VT$_1$ 和 VT$_2$ 截止，C_1 又开始充电。

重复以上动作，A_1 输出为锯齿波，但若 LM334 的输出电流因温度而变化，A_1 的同相输入端电压也变化，它等于积分电路输入电压变化，因此锯齿波的频率也改变。变化率为 1:1，因此，可进行温度-频率转换。

用 VT$_3$ 把 A_1 输出点锯齿波变为 TTL 电平的方波时，由 C_2 和 R_9 对 A_1 输出的锯齿波的上升沿进行微分,由微分脉冲使 VT_3 通断而变为方波。

调整时,首先使 LM334 位于 0℃,调整电位器 RP_1,使 A_1 输出端为 0 Hz,即不振荡;再使 LM334 位于 100℃处,调整电位器 RP_2,使 A_1 输出为 1 kHz。反复调整多次,使两点都合乎要求,即调整完毕。此电路的分辨率为 0.1℃。

2.7.5 家用空调专用温度传感器

家用空调专用温度传感器产品型号为 KC 和 KH 系列。

目前,较先进的室内空调器大都采用由传感器检测并用微机进行控制的模式。空调器的控制系统中,室内部分安装热敏电阻和气体传感器;室外部分安装热敏电阻。室内空调器通过负温度系数热敏电阻和单片机,可快速完成室内外的温差、冷房控制及冬季热泵除霜控制等功能。室内的 SnO_2 气体传感器用于测量室内、室外的污染程度,当室内空气达到标准的污染程度时,通过空调器的转换装置可自动进行换气。

2.7.6 冰箱、冰柜专用温度传感器

冰箱、冰柜专用温度传感器产品型号有 KC 系列。

冰箱、冰柜热敏电阻式温控电路如图 2-33 所示。当电冰箱接通电源时,由 R_4 和 R_5 经过分压后给 A_1 的同相端输出一个固定基准电压,由温度调节电路 RP 端输出一个设定温度电压给 A_2 的同相输入端,这样就由 A_1 组成开机检测电路,由 A_2 组成关机检测电路。当冰箱内的温度高于设定温度时,由于传感器 R_T 和 R_3 的分压大于 A_1 的同相输入端和 A_2 反相端输入端电压,A_1 输出低电平,而 A_2 输出高电平。由 IC_2 组成的 R_s 触发器的输出端输出高电平,使 VT 导通,继电器工作,其常开触点闭合,接通压缩机电动机电路,压缩机开始制冷。

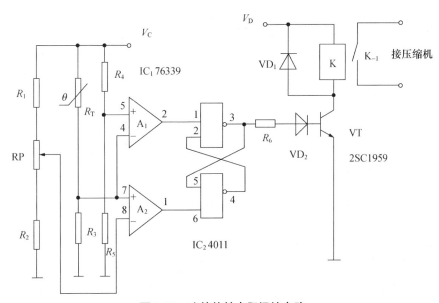

图 2-33 冰箱热敏电阻温控电路

当压缩机开始工作一定时间后,冰箱内温度下降,到达设定温度时,温度传感器阻

值增大，使 A_1 的反相输入端和 A_2 的同相输入端电位下降，A_1 的输出端变为高电平，而 A_2 的输出端变为低电平，R_s 触发器的工作状态翻转，其输出为低电平，从而使 VT 截止，继电器 K 停止工作，触点 K_{-1} 被释放，压缩机停止运转。

若电冰箱停止制冷一段时间后，冰箱内温度慢慢升高，此时开机检测电路 A_1、关机检测电路 A_2 及 R_s 触发器又翻转一次，使压缩机重新开始制冷。这样周而复始地工作，达到控制电冰箱内温度的目的。

2.7.7 热水器专用温度传感器

热水器专用温度传感器产品型号有 KC、KG 系列。

热水器温控电路结构与冰箱、冰柜温控电路结构类似，只不过热水器温控电路用于高温，且要配置触电保护电路和防干烧电路。用于热水器温控电路的 KC、KG 系列热敏电阻传感器产品具有耐温性强、耐湿防潮性好、可靠性好、速度反应快等特点，可在高温多湿、冷热变化剧烈的环境下长期使用。

2.7.8 汽车发动机控制系统专用温度传感器

汽车发动机控制系统专用温度传感器产品型号有 KC 系列。

为了提高发动机的燃烧效率，必须使用温度传感器，以分别连续地高精度地测定进气温度和用于优化排气净化效率的排气温度。KC 系列汽车发动机控制系统专用温度传感器具有精度高、抗震性强、耐温防潮性强、热冲击下具有高稳定性和可靠性等特点。

2.8 实　训

1. 查阅《传感器手册》，熟悉温度传感器性能技术指标及其表示的意义。

2. 电冰箱冷藏室温度一般都必须保持在 5℃ 以下，利用负温度系数热敏电阻制成的电冰箱温度超标指示器，可在温度超过 5℃ 时提醒用户及时采取措施。试思考该电路的扩展用途。

2.9 习　题

1. 用 K 型（镍铬-镍硅）热电偶测量炉温时，参考端温度 $t_0=30℃$，由电子电位差计测得热电动势 $E(t,30℃)=37.724 \text{ mV}$，求炉温 t。

2. 简述热电偶主要分几种类型，各有何特点。

3. 利用分度号 Pt_{100} 铂电阻测温，求测量温度分别为 $t_1=-100℃$ 和 $t_2=650℃$ 的铂电阻 R_{t_1}、R_{t_2} 值。

4. 利用分度号 Cu_{100} 的铜电阻测温，当被测温度为 50℃ 时，问此时铜电阻 R_t 值为多大？

5. 画出用 4 个热电偶共用一台仪表分别测量 T_1、T_2、T_3 和 T_4 的测量电路。若用 4 个热电偶共用一台仪表测量 T_1、T_2、T_3 和 T_4 的平均温度，电路又应怎样连接？

第 3 章 力传感器

本章要点

- 力的测量是通过力传感器将力的大小转换成便于测量的电量来进行的；
- 几种有代表性的力传感器的工作原理；
- 电阻应变片等力传感器的测量电路。

力是基本物理量之一，因此各种动态、静态力的大小的测量十分重要。力的测量需要通过力传感器间接完成，力传感器是将各种力学量转换为电信号的器件。图 3-1 为力传感器的测量示意图。

图 3-1 力传感器的测量示意图

力传感器有很多种，从力-电变换原理来看有电阻式（电位器式和应变片式）、电感式（自感式、互感式和涡流式）、电容式、压电式、压磁式和压阻式等，其中大多需要弹性敏感元件或其他敏感元件的转换。力传感器在生产、生活和科学实验中广泛用于测力和称重。

3.1 弹性敏感元件

弹性敏感元件把力或压力转换成了应变或位移，然后再由传感器将应变或位移转换成电信号。弹性敏感元件是一个非常重要的传感器部件，应具有良好的弹性和足够的精度，且应保证长期使用和温度变化时的稳定性。

3.1.1 弹性敏感元件的特性

1. 刚度

刚度是弹性元件在外力作用下变形大小的量度，一般用 k 表示。

$$k = \frac{\mathrm{d}F}{\mathrm{d}x} \tag{3-1}$$

式 (3-1) 中，F 为作用在弹性元件上的外力；x 为弹性元件产生的变形。

2. 灵敏度

灵敏度是指弹性敏感元件在单位力作用下产生变形的大小，在弹性力学中称为弹性元件的柔度。它是刚度的倒数，用 K 表示。

$$K = \frac{\mathrm{d}x}{\mathrm{d}F} \quad (3\text{-}2)$$

在测控系统中希望 K 是常数。

3. 弹性滞后

实际的弹性元件在加/卸载的正、反行程中变形曲线是不重合的，这种现象称为弹性滞后现象，它会给测量带来误差。产生弹性滞后的主要原因是：弹性敏感元件在工作过程中分子间存在内摩擦。当比较两种弹性材料时，应都用加载变形曲线或都用卸载变形曲线，这样才有可比性。

4. 弹性后效

当载荷从某一数值变化到另一数值时，弹性元件变形不是立即完成相应的变形，而是经一定的时间间隔逐渐完成变形的，这种现象称为弹性后效。由于弹性后效的存在，弹性敏感元件的变形始终不能迅速地跟上力的变化，在动态测量时将引起测量误差。造成这一现象的原因是由于弹性敏感元件中的分子间存在内摩擦。

5. 固有振荡频率

弹性敏感元件都有自己的固有振荡频率 f_0，它将影响传感器的动态特性。传感器的工作频率应避开弹性敏感元件的固有振荡频率，往往希望 f_0 较高。

实际选用或设计弹性敏感元件时，若遇到上述特性矛盾的情况，应根据测量的对象和要求综合考虑。

3.1.2 弹性敏感元件的分类

弹性敏感元件在形式上可分为两大类，即力转换为应变或位移的变换力的弹性敏感元件和压力转换为应变或位移的变换压力的弹性敏感元件。

1. 变换力的弹性敏感元件

这类弹性敏感元件大都采用等截面圆柱式、圆环式、等截面薄板、悬臂梁式及轴状等结构。如图 3-2 所示为几种常见的变换力的弹性敏感元件结构。

（1）等截面圆柱式。

等截面圆柱式弹性敏感元件，根据截面形状可分为实心圆截面形状和空心圆截面形状，如图 3-2（a）、(b) 所示。它们结构简单，可承受较大的载荷，便于加工。实心圆柱形的弹性敏感元件可测量大于 10 kN 的力，而空心圆柱形的只能测量 1～10 kN 的力。

（2）圆环式。

圆环式弹性敏感元件比圆柱式输出的位移量大，因而具有较高的灵敏度，适用于测量较小的力。但它的工艺性较差，加工时不易得到较高的精度。由于圆环式弹性敏感元件各变形部位应力不均匀，故采用应变片测力时，应将应变片贴在其应变最大的位置上。

圆环式弹性敏感元件的形状如图 3-2（c）、（d）所示。

(3) 等截面薄板式。

等截面薄板式弹性敏感元件如图 3-2（e）所示。由于它的厚度比较小，故又称它为膜片。当膜片边缘固定，膜片的一面受力时，膜片产生弯曲变形，因而产生径向和切向应变。在应变处贴上应变片，就可以测出应变量，从而可测得作用力 F 的大小。也可以利于它变形产生的挠度组成电容式或电感式力或压力传感器。

(4) 悬臂梁式。

如图 3-2（f）、（g）所示，悬臂梁式弹性敏感元件一端固定一端自由，结构简单，加工方便，应变和位移较大，适用于测量 $1 \sim 5\,kN$ 的力。

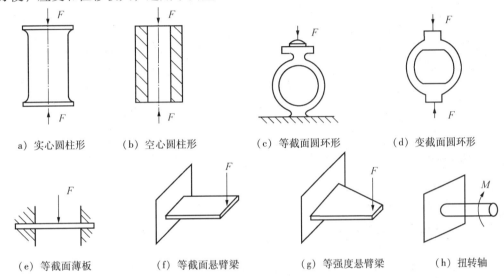

a) 实心圆柱形　　b) 空心圆柱形　　c) 等截面圆环形　　d) 变截面圆环形

e) 等截面薄板　　f) 等截面悬臂梁　　g) 等强度悬臂梁　　h) 扭转轴

图 3-2　一些变换力的弹性敏感元件形状

图 3-2（f）为等截面悬臂梁，其上表面受拉伸，下表面受压缩。由于其表面各部位 U_{de} 应变不同，所以应变片要贴在合适的部位，否则将影响测量的精度。

图 3-2（g）为变截面等强度悬臂梁，它的厚度相同，但横截面不相等，因而沿梁长度方向任一点的应变都相等，这给贴放应变片带来了方便，也提高了测量精度。

(5) 扭转轴。

扭转轴是一个专门用来测量扭矩的弹性元件，如图 3-2（h）所示。扭矩是一种力矩，其大小用转轴与作用点的距离和力的乘积来表示。扭转轴弹性敏感元件主要用来制作扭矩传感器，它利用扭转轴弹性体把扭矩变换为角位移，再把角位移转换为电信号输出。

2. 变换压力的弹性敏感元件

这类弹性敏感元件常见的有弹簧管、波纹管、波纹膜片、膜盒和薄壁圆筒等，它可以把流体产生的压力变换成位移量输出。

(1) 弹簧管。

弹簧管又称布尔登管，它是完成各种形状的空心管，但使用最多的是 C 形薄壁空心管。管子的截面形状有很多种，如图 3-3 所示。

使用弹簧管时应注意以下两点：

① 静止压力测量时，不得高于最高标称压力的 2/3，变动压力测量时，要低于最高标称压力的 1/2；

② 对于腐蚀性物体等特殊测量对象，要了解弹簧管使用的材料能否满足使用要求。

（2）波纹管。

波纹管是有许多同心环状皱纹的薄壁圆管，如图 3-4 所示。波纹管的轴向在流体压力作用下极易变形，有较高的灵敏度。在变形允许范围内，管内压力与波纹管的伸缩力成正比，利用这一特性，可以将压力转换成位移量。

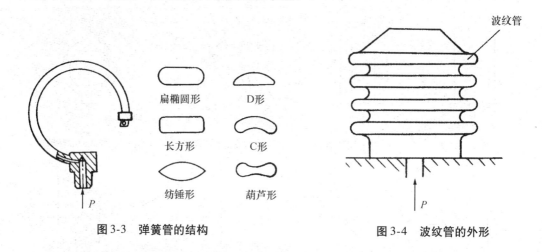

图 3-3　弹簧管的结构　　　　　　图 3-4　波纹管的外形

波纹管主要用作测量和控制压力的弹性敏感元件，由于其灵敏度高，故在小压力和压差测量中使用较多。

（3）波纹膜片和膜盒。

平膜片在压力或力作用下位移量小，因而常把平膜片加工制成具有环状同心波纹的圆形薄膜，这就是波纹膜片。其波纹形状有正弦形、梯形和锯齿形，如图 3-5 所示。膜片的厚度为 0.05～0.3 mm，波纹的高度为 0.7～1 mm。

波纹膜片中心部分留有一个平面，可焊上一块金属片，便于同其他部件连接。当膜片两面受到不同的压力作用时，膜片将弯向压力低的一面，其中心部分产生位移。

为了增加位移量，可以把两个波纹膜片焊接在一起组成膜盒，其挠度位移量是单个波纹膜片的两倍。

波纹膜片和膜盒多用作动态压力测量的弹性敏感元件。

（4）薄壁圆筒。

薄壁圆筒弹性敏感元件的结构如图 3-6 所示。圆筒的壁厚一般小于圆筒直径的 1/20，当筒内腔受物体压力时，筒壁均匀受力，并均匀地向外扩张，所以在筒壁的轴线方向产生拉伸力和应变。

薄壁圆筒弹性敏感元件的灵敏度取决于圆筒的半径和壁厚，与圆筒长度无关。

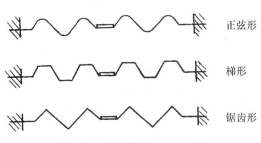

图 3-5 波纹膜片波纹的形状　　　　图 3-6 薄壁圆筒弹性敏感元件的结构

3.2 电阻应变片传感器

电阻应变片（简称应变片）的作用是把导体的机械应变转换成电阻应变，以便进一步测量。电阻应变片的典型结构如图 3-7 所示。合金电阻丝以曲折形状（栅形）用黏接剂粘贴在绝缘基片上，两端通过引线引出；丝栅上面再粘贴一层绝缘保护膜。该合金电阻丝栅应变片长为 l，宽度为 b。把应变片粘贴于所需测量变形物体表面，敏感栅随被测体表面变形而使电阻值改变，测量电阻的变化量便可得知变形的大小。由于应变片具有体积小、使用简便、测量灵敏度高等优点，可进行动、静态测量，精度符合要求，因此广泛用于应力、力、压力、力矩、位移和加速度等物理量的测量。随着温度材料和工艺技术的发展，超小型、高灵敏度、高精度的电阻应变片和传感器不断出现，测量范围不断扩大，已成为非电量电测技术中十分重要的手段。

3.2.1 电阻应变片工作原理

电阻应变片传感器是利用了金属和半导体材料的"应变效应"。金属和半导体材料的电阻值随它承受的机械变形大小而发生变化的现象就称为"应变效应"。

设电阻丝长度为 L，截面积为 S，电阻率为 ρ，则电阻值 R 为：

$$R = \rho \cdot L/S \tag{3-3}$$

如图 3-8 所示，当电阻丝受到拉力 F 时，其阻值发生变化。材料电阻值的变化，一是受力后材料几何尺寸变化；二是受力后材料的电阻率也发生了变化。大量实验表明，在电阻丝拉伸极限内，电阻的相对变化与应变成正比，而应变与应力也成正比，这就是利用应变片测量应变的基本原理。

3.2.2 电阻应变片的分类

电阻应变片主要分为金属电阻应变片和半导体应变片两类。其中，金属电阻应变片又分体型和薄膜型，而属于体型金属电阻应变片的有丝式应变片、箔式应变片、应变花等。

丝式应变片如图 3-9（a）、（b）所示，它分为回绕式应变片（U 形）和短接式应变片（H 形）两种。其优点是粘贴性能好，能保证有效地传递变形，性能稳定，且可制成满足高温、强磁场、核辐射等特殊条件使用的应变片；缺点是 U 形应变片的圆弧形弯曲段呈现横向效应，H 形应变片因焊点过多，可靠性下降。

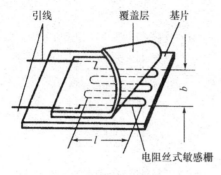
图 3-7　金属电阻应变片结构

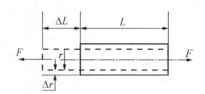
图 3-8　金属电阻丝应变效应

箔式应变片如图 3-9（c）所示，它是用照相制版、光刻、腐蚀等工艺制成的金属箔栅。优点是黏合情况好、散热能力较强、输出功率较大、灵敏度高等。箔式应变片在工艺上可按需要制成任意形状，易于大量生产，成本低廉，在电测中获得广泛应用。尤其在常温条件下，箔式应变片已逐渐取代了丝式应变片。

薄膜型金属电阻应变片是在薄绝缘基片上蒸镀金属制成的。

半导体应变片是用锗或硅等半导体材料作为敏感栅。图 3-9（d）给出了 P 型单晶硅半导体应变片结构示意图。半导体应变片灵敏系数大、机械滞后小、频率响应快、阻值范围宽（可从几欧到几十千欧），易于做成小型和超小型；但其热稳定性差，测量误差较大。

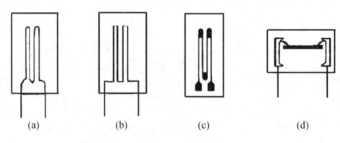
图 3-9　应变片的类型
（a）回绕式（U 形）；（b）短接式（H 形）；（c）箔式；（d）半导体应变式

在平面力场中，为测量某一点上主应力的大小和方向，常需测量该点上两个或三个方向的应变。故此需要把两个或三个应变片逐个黏结成应变花，或直接通过光刻技术制成。应变花分互成 45°的直角形应变花和互成 60°的等角形应变花两种基本形式，如图 3-10 所示。

除上述各种应变片外，还有一些具有特殊功能和特种用途的应变片。如大应变量应变片、温度自补偿应变片和锰铜应变片等。

3.2.3　电阻应变片的测量电路

弹性元件表面的应变传递给电阻应变片敏感丝栅，使其电阻发生变化。测量出电阻变化，便可知应变（被测量）大小。测量时，可直接测单个应变片阻值变化；也可将应变片通过恒流而测量其两端的电压变化。但由于温度等各种原因，使得单片测量结果误差较大。选用电桥测量，不仅可以提高检测灵敏度，还能获得较为理想的补偿效果。基本电桥测量电路如图 3-11 所示。

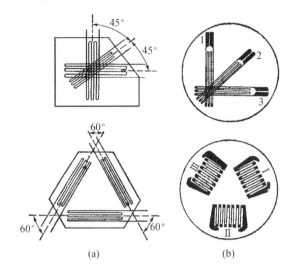

图 3-10 应变花的基本形式

(a) 丝式应变花；(b) 箔式应变花

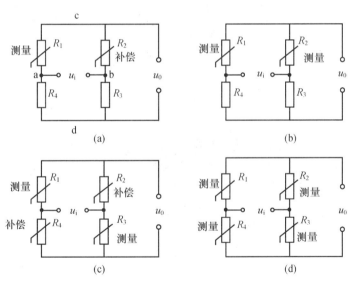

图 3-11 基本测量电路

(a) 半桥式（单臂工作）；(b) 半桥式（双臂工作）；(c) 全桥式（双臂工作）；(d) 全桥式（四臂工作）

如图 3-11（a）、(b) 所示为半桥测量电路。图 3-11（a）中，R_1 为测量片，R_2 为补偿片，R_3、R_4 为固定电阻。补偿片起温度补偿的作用，当环境温度改变时，补偿片与测量片阻值同比例改变，使桥路输出不受影响。下面分析电路工作原理。

无应变时，$R_1 = R_2 = R_3 = R_4 = R$，则桥路输出电压为：

$$u_0 = \frac{u_i \cdot R_1}{R_1 + R_2} - \frac{u_i \cdot R_4}{R_3 + R_4} = 0$$

有应变时，$R_1 = R_1 + \Delta R_1$，则：

$$u_0 = \frac{u_i(R_1 + \Delta R_1)}{R_1 + \Delta R_1 + R_2} - \frac{u_i R_4}{R_3 + R_4}$$

代入 $R_1 = R_2 = R_3 = R_4 = R$，由 $\Delta R_1/2R \ll 1$ 可得：

$$u_0 = \frac{1}{4}k\varepsilon_1 u_i = \frac{u_i}{4} \cdot \frac{\Delta R_1}{R} \tag{3-4}$$

在图 3-11（b）中，R_1、R_2 均为相同应变测量片，又互为补偿片。有应变时，一片受拉，另一片受压，此时阻值为 $R_1 + \Delta R_1$ 和 $R_2 - \Delta R_2$，按上述同样的方法，可以计算输出电压为：

$$u_0 = \frac{u_i}{2} \cdot \frac{\Delta R_1}{R} \tag{3-5}$$

在图 3-11（c）中，R_1、R_3 为相同应变测量片，有应变时，两片同时受拉或同时受压；R_2、R_4 为补偿片。可以计算该电路输出电压为：

$$u_0 = \frac{u_i}{2} \cdot \frac{\Delta R_1}{R} \tag{3-6}$$

图 3-11（d）是 4 个桥臂均为测量片的电路，且互为补偿。有应变时，必须使相邻两个桥臂上的应变片一个受拉，另一个受压。可以计算该电路输出电压为：

$$u_0 = u_i \cdot \frac{\Delta R_1}{R} \tag{3-7}$$

3.3 压电传感器

压电传感器在力的测量中应用也十分广泛。某些晶体，受一定方向外力作用而发生机械变形时，相应的在一定的晶体表面产生符号相反的电荷，外力去掉后，电荷消失；力的方向改变时，电荷的符号也随之改变，这种现象称为压电效应或正压电效应。具有压电效应的晶体称为压电晶体，也称压电材料或压电元件。

压电材料还具有与此效应相反的效应，即当晶体带电或处于电场中时，晶体的体积将产生伸长或缩短的变化，这种现象称为电致伸缩效应或逆压电效应。因此，压电效应属于可逆效应。

用于传感器的压电材料或元件可分两类，其中一类是单晶压电晶体，如石英晶体；另一类是极化的多晶压电陶瓷，如钛酸钡、锆钛酸钡等。

3.3.1 石英晶体的压电效应

石英晶体为正六边形棱柱体，棱柱为基本组织，如图 3-12（a）所示。石英晶体有 3 个互相垂直的晶轴，其中通过晶体两顶端的轴线称为光轴（Z 轴），与光轴垂直且通过晶体横截面多边形各条边垂直的 3 条轴线称为机械轴（Y 轴），X 轴称为电轴。

在正常情况下，晶格上的正、负电荷中心重合，表面呈电中性。当在 X 轴向施加压力时，如图 3-12（b）所示，各晶格上的带电粒子均产生相对位移，正电荷中心向 B 面移动,负电荷中心向 A 面移动,因而 B 面呈现正电荷,A 面呈现负电荷。当在 X 轴向施加拉伸力时,如图 3-12(c)所示,晶格上的粒子均沿 X 轴向外产生位移,但硅离子和氧离子向外位移大,正负电荷中心拉开,B 面呈现负电荷,A 面呈现正电荷。在 Y 方向施加压力时,如图 3-12(d)所示,晶格离子沿 Y 轴被向内压缩,A 面呈现正电荷,B 面呈现负电荷。沿 Y 轴施加拉伸力时,如图 3-12(e)所示,晶格离子在 Y 向被拉长,X 向缩短,B 面呈现正电荷,A 面呈现负电荷。

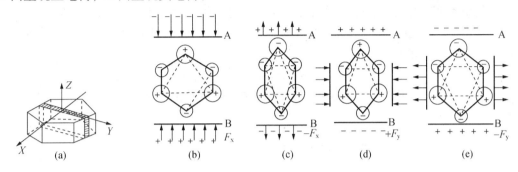

图 3-12 石英晶体结构及压电效应
(a)石英晶体结构;(b)、(c)、(d)、(e)压电效应示意图

通常把沿电轴 X 方向作用产生电荷的现象称为"纵向压电效应",而把沿机械轴 Y 方向作用产生电荷的现象称为"横向压电效应"。在光轴 Z 方向加力时不产生压电效应。

从晶体上沿轴线切下的薄片称为"晶体切片"。如图 3-13 所示是垂直于电轴 X 切割的石英片,长为 a,宽为 b,高为 c。在与 X 垂直的两面覆以金属。沿 X 向施加作用力 F_x 时,在与电轴垂直的表面上产生电荷 Q_{xx} 为:

$$Q_{xx} = d_{11} F_x \tag{3-8}$$

式(3-8)中,d_{11} 为石英晶体的纵向压电系数(2.3×10^{-12} C/N)。

在覆以金属的极面间产生的电压为:

$$u_{xx} = \frac{Q_{xx}}{C_x} = \frac{d_{11} F_x}{C_x} \tag{3-9}$$

式(3-9)中,C_x 为晶体覆以金属的极面间的电容。

如果在同一切片上,沿机械轴 Y 方向施加作用力 F_y 时,则在与 X 轴垂直的平面上产生电荷为:

$$Q_{xy} = d_{12} \frac{a}{b} F_y \tag{3-10}$$

式(3-10)中,d_{12} 为石英晶体的横向压电系数。

根据石英晶体的轴对称条件可得 $d_{12} = -d_{11}$,所以可得:

$$Q_{xy} = -d_{11} \frac{a}{b} F_y \tag{3-11}$$

产生电压为:

$$u_{xy} = \frac{Q_{xy}}{C_x} = -d_{11} \frac{a}{b} \frac{F_y}{C_x} \tag{3-12}$$

3.3.2 压电陶瓷的压电效应

压电陶瓷具有铁磁材料磁畴结构类似的电畴结构。当压电陶瓷极化处理后,陶瓷材料内部存有很强的剩余场极化。当陶瓷材料受到外力作用时,电畴的界限发生移动,引起极化强度变化,产生了压电效应。经极化处理的压电陶瓷具有非常高的压电系数,约为石英晶体的几百倍,但其机械强度较石英晶体差。

当压电陶瓷在极化面上受到沿极化方向(Z 向)的作用力 F_z 时(即作用力垂直于极化面),如图 3-14(a)所示,则在两个镀银(或金)的极化面上分别出现正负电荷,电荷量 Q_{zz} 与力 F_z 成比例,即:

$$Q_{zz} = d_{zz} = F_z \tag{3-13}$$

式(3-13)中,d_{zz} 为压电陶瓷的纵向压电系数。输出电压为:

$$u_{zz} = \frac{d_{zz}}{C_z} F_z \tag{3-14}$$

式(3-14)中,C_z 为压电陶瓷片电容。

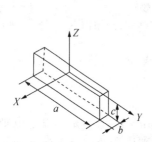

图 3-13 垂直于电轴 X 切割的石英晶体切片

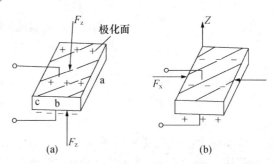

图 3-14 压电陶瓷的压电效应
(a) $-Z$ 向施力;(b) $-X$ 向施力

当沿 X 轴方向施加作用力 F_x 时,如图 3-14(b)所示,在镀银(或金)极化面上产生的电荷 Q_{zx} 为:

$$Q_{zx} = d_{z1} \frac{S_z}{S_x} F_x \tag{3-15}$$

同理可得:

$$Q_{zy} = d_{z2} \frac{S_z}{S_y} F_y \tag{3-16}$$

式(3-15)和式(3-16)中的 d_{z1}、d_{z2} 是压电陶瓷在横向力作用时的压电系数,且均为负值。由于极化压电陶瓷平面具有各向同性,所以 $d_{z2} = d_{z1}$。式(3-15)和式(3-16)中 S_z、S_x、S_y 是分别垂直于 Z 轴、X 轴、Y 轴的晶片面积。

另外,用电量除以压电陶瓷电容 C_z 即可得电压输出。

3.3.3 压电式传感器的测量电路

1. 压电元件的串联与并联

如图 3-15(a)所示,两片压电片负极都集中于中间电极上,正极在上、下两面电极上，这种接法称为并联。其输出电容 C_a' 为单片电容的两倍（若为 n 片并联，则 $C_a' = nC_a$），但输出电压 $C_a' = U_a$；极板上电荷量 q' 为单片电荷量的两倍（若为 n 片并联，则 $q' = nq$）。

如图 3-15（b）所示的接法是上极板为正电荷，下极板为负电荷，而在中间极板上，上片产生的负电荷与下片产生的正电荷抵消，这种接法称为串联。由图 3-15 可知，$q' = q$，$U_a' = 2U_a$，$C' = C_a/2$。

在这两种接法中，并联接法输出电荷量大，本身电容也大，因此时间常数大（$\tau = C_a'R$），宜用于测量缓变信号，并且适用于以电荷作为输出量的场合。

串联接法输出电压高，自身电容小，适用于以电压作为输出量，以及测量电路输入阻抗很高的场合。

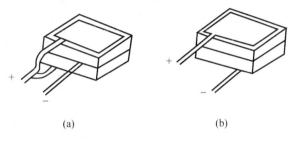

图 3-15　压电元件的串联与并联
（a）并联；（b）串联

2. 压电传感器的等效电路

由于压电传感器可看做电荷发生器，又由于压电晶体上聚集正、负电荷的两表面相当于电容器的两个极板，其电容器为：

$$C_a = \varepsilon S/d \tag{3-17}$$

如果在同一切片上，沿机械轴 Y 方向施加作用力 F_y 时，则在与 X 轴垂直的平面上产生电荷为：

$$Q_{xy} = ad_{12}F_y/b \tag{3-18}$$

式（3-18）中，d_{12} 为石英晶体的横向压电系数。

所以压电传感器可等效为如图 3-16（a）所示的电压源，其中 $U_a = q/C_a$。压电传感器也可等效为一个电荷源，如图 3-16（b）所示。

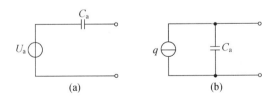

图 3-16　压电传感器电压源与电荷源等效电路
（a）电压源等效电路；（b）电荷源等效电路

压电传感器与测量电路连接时，还应考虑连接线路的分布电容 C_c，放大电路的输入

电阻 R_i，输入电容 C_i 及压电传感器的内阻 R_a。考虑了上述因素后，其实际等效电路如图 3-17 所示。

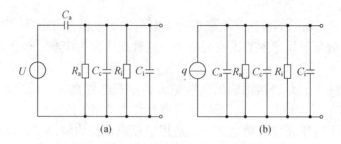

图 3-17　压电传感器实际等效电路
（a）电压源实际等效电路；（b）电荷源实际等效电路

3. 压电传感器测量电路

压电传感器本身的内阻抗很高，而输出能量较小，因此它的测量电路通常需要接入一个高输入阻抗的前置放大器，其作用为：一是把它的高输出阻抗变换为低输出阻抗；二是放大传感器输出的微弱信号。压电传感器的输出可以使用电压信号，也可以使用电荷信号，因此前置放大器也有两种形式：电压放大器和电荷放大器。

（1）电压放大器（阻抗变换器）。

如图 3-18（a）、（b）所示为电压放大器电路原理图及其等效电路。

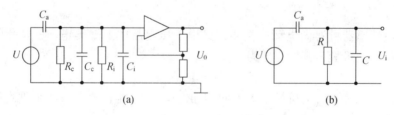

图 3-18　电压放大器电路原理及其等效电路图
（a）放大器电路；（b）输入端简化等效电路

（2）电荷放大器。

电荷放大器是一种输出电压与输入电荷量成正比的放大器。考虑到 R_a、R_i 阻值极大，电荷放大器等效电路如图 3-19 所示。

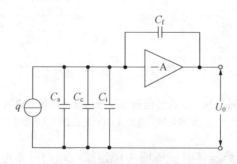

图 3-19　电荷放大器等效电路

3.3.4 压电式传感器结构

压电测力传感器的结构通常为荷重垫圈式。如图 3-20 所示为 YDS-781 型压电式单向力传感器结构,它由底座、传力上盖、片式电极、石英晶片、绝缘件及电极引出插头等组成。当外力作用时,上盖将力传递给石英晶片,石英晶片实现力-电转换,电信号由电极传送到插座后输出。

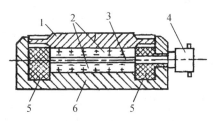

图 3-20 YDS-781 型压电式单向力传感器结构
1-传力上盖;2-压电片;3-片式电极;4-电极引出插头;5-绝缘材料;6-底座

3.4 电容式传感器

一个平行板电容器,如果不考虑其边缘效应,则电器的容量为:

$$C = \frac{\varepsilon S}{d} \tag{3-19}$$

式(3-19)中,ε 为电容器极板间介质的介电常数,$\varepsilon = \varepsilon_0 \varepsilon_r$;$S$ 为两平行板所覆盖的面积;d 为两平行板之间的距离。

由式(3-19)可知,当 S、d 或 ε 改变,则电容量 C 也随之改变。若保持其中两个参数不变,通过被测量的变化改变其中一个参数,就可把被测量的变化转换为电容量的变化。这就是电容传感器的基本工作原理。

电容式传感器结构简单,分辨率高,工作可靠,为非接触测量,并能在高温、辐射、强烈振动等恶劣条件下工作,易于获得被测量与电容量变化的线性关系,故可用于力、压力、压差、振动、位移、加速度、液位、粒位、成分含量等测量。

3.4.1 变极距型电容传感器

如图 3-21 所示,平行板电容器的 ε 和 S 不变,只改变电容器两极板之间距离 d 时,电容器的容量 C 随之发生变化。利用电容器的这一特性制作的传感器,称为变极距式电容传感器。该类型传感器常用于压力的测量。

设 ε_r 和 S 不变,初始状态极距为 d_0 时,电容器容量 C_0 为:

$$C_0 = \frac{\varepsilon \cdot S}{d_0} \tag{3-20}$$

如图 3-22 所示,电容器受外力作用,极距减小 Δd,则电容器容量改变为:

$$C_1 = C_0 + \Delta C = C_0 + \frac{C_0 \Delta d}{d_0} \tag{3-21}$$

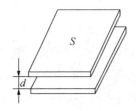 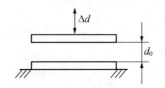

图 3-21　平行板电容器图　　　图 3-22　变极距式传感元件原理图

电容值相对变化量为：

$$\frac{\Delta C}{C_0} = \frac{\Delta d}{d_0} \tag{3-22}$$

此时 C_1 与 Δd 呈线性关系。

为了提高传感器灵敏度，减小非线性误差，实际应用中大多采用差动式结构。如图 3-23 所示（1 为动片，2 为定片），中间电极不受外力作用时，由于 $d_1 = d_2 = d_0$，所以 $C_1 = C_2$，则两电容差值 $C_1 - C_2 = 0$。中间电极若受力向上位移 Δd，则 C_1 容量增加，C_2 容量减小，两电容差值为：

$$\Delta C = C_1 - C_2 = C_0 + \frac{C_0 \Delta d}{d_0} - C_0 + \frac{C_0 \Delta d}{d_0} = \frac{2C_0 \Delta d}{d_0} \tag{3-23}$$

得到：

$$\frac{\Delta C}{C_0} = 2 \frac{\Delta d}{d_0} \tag{3-24}$$

可见，电容传感器做成差动型之后，灵敏度提高 1 倍。

以上分析均忽略了极板的边缘效应，即极板边沿电场的不均匀性。为消除极板边缘效应的影响，可采用图 3-24 所示保护环。保护环与极板具有同一电位，这就把电极板间的边缘效应移到了保护环与极板 2 的边缘，极板 1 与极板 2 之间的场强分布变得均匀了。

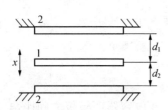 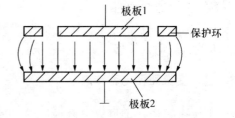

图 3-23　差动式电容传感元件　　　图 3-24　加保护环消除极板边沿电场的不均匀性

3.4.2　变面积式电容传感器

变面积式电容传感元件结构原理如图 3-25 所示。如图 3-25（a）所示平板形位移 x 后，电容量由初始值变为：

$$C_x = \frac{\varepsilon(a-x)b}{d} = \left(1 - \frac{x}{a}\right)C_0 \tag{3-25}$$

电容量变化:

$$\Delta C = C_x - C_0 = -\frac{x}{a}C_0 \tag{3-26}$$

灵敏度为:

$$k_x = \frac{\Delta C}{x} = -\frac{\varepsilon b}{d} \tag{3-27}$$

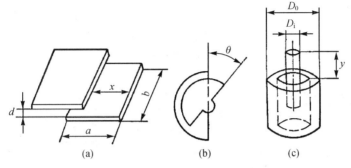

图 3-25 变面积式电容结构原理图
(a) 平板形电容; (b) 旋转形电容; (c) 圆柱形电容

对于角位移传感器,如图 3-25 (b) 所示,设两片极板全重合 ($\theta=0$) 时的电容量为 C_0,动片转动角度 θ 后,电容量变为:

$$C_\theta = C_0 - C_0 \frac{\theta}{\pi} \tag{3-28}$$

电容量变化为:

$$\Delta C_\theta = -\frac{\theta}{\pi} C_0 \tag{3-29}$$

灵敏度为:

$$k_\theta = \frac{\Delta C_\theta}{\theta} = -\frac{C_0}{\pi} \tag{3-30}$$

对于圆柱形电容式位移传感器,如图 3-25 (c) 所示,设内外电极长度为 L,起始电容量为 C_0,动极向上位移 y 后,电容量变为 C_y:

$$C_y \approx C_0 - \frac{y}{L} C_0 \tag{3-31}$$

电容量变化为:

$$\Delta C_y = -\frac{y}{L} C_0 \tag{3-32}$$

灵敏度为:

$$k_y = \frac{\Delta C_y}{y} = -\frac{C_0}{L} \tag{3-33}$$

由以上分析可知,变面积式传感器的电容变化是线性的,灵敏度 k 为一常数。
如图 3-26 所示是变面积式差动电容结构原理图,其传感器输出和灵敏度均提高 1 倍。

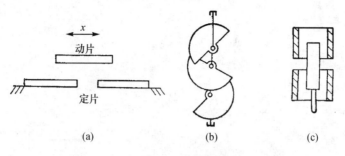

图 3-26 变面积差动电容结构原理图

(a) 平板形差动电容；(b) 旋转形差动电容；(c) 圆柱形差动电容

3.4.3 变介电常数式

变介质常数位移式电容传感器结构原理如图 3-27 所示。介质没进入电容器时（$x=0$），电容量为：

$$C_0 = \frac{\varepsilon_0 ab}{d_0 + d_1} \quad (3\text{-}34)$$

式（3-34）中，a 为极板长度，b 极板宽度。

介质进入电容距离为 x 后，电容量为：

$$C_x = C_A + C_B \quad (3\text{-}35)$$

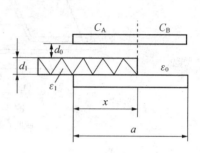

图 3-27 变介质位移式
传感电容结构原理图

整理可得：

$$C_x = C_0 + \frac{1 - \dfrac{\varepsilon_0}{\varepsilon_1}}{\dfrac{\varepsilon_0}{\varepsilon_1} + \dfrac{d_0}{d_1}} C_0 x \quad (3\text{-}36)$$

即电容变化与位移 x 呈线性关系。选择介电常数 ε_1 较大的介质，适当增大充入介质的厚度 d_1，可使灵敏度提高。

3.4.4 电容式传感器测量电路

常见的电容式传感器测量电路有桥式电路、二极管双 T 网络、充放电脉冲电路、运算放大器电路等。

1. 桥式电路

将电容传感器作为电桥的一个桥臂，采用差动式电容传感器时，将两个电容接入相邻的两臂上，如图 3-28 所示。调节电容 C 使桥路平衡，输出电压 u_0 为零。当传感器电容 C_x 变化时，电桥失去平衡，输出一个和电容 C_x 成正比例的电压信号。U_i 为交流信号源，其幅度、频率稳定，波形一定。桥路输出信号经放大、相敏整流和低通滤波，最后获得平滑输出。

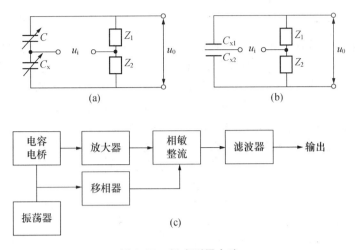

图 3-28　桥式测量电路
（a）单臂接法；（b）差动接法；（c）检测电路框图

2. 二极管双 T 网络

二极管双 T 网络电路原理如图 3-29 所示。C_x 为传感电容，C 为平衡电容，u_1 是幅值为 E_i 的方波。设加入信号时 u_i 为正，二极管 D_1 导通，D_2 截止，C_x 很快充电到 $+E_i$，因 R_L 较大来不及放电。在 u_i 跳变为负时，二极管 D_1 截止，D_2 导通，电容 C 很快充电到 $-E_i$。如果 $R_1 = R_2 = R$，则 $u_a = u_0 = 0\text{ V}$，R_L 中电流 $i_1 = 0\text{ A}$。以后，电容 C_x 经电阻 R_1、负载电阻 R_L（电表、记录仪、放大器等的输入电阻）和电阻 R_2、二极管 D_2 放电。随 u_{cx} 的下降，u_a 下降，i_1 负向增加。当 u_i 从 $-E_i$ 跳变到 $+E_i$ 时，D_1 导通，C_x 很快充电至 $+E_i$，D_2 截止，C 未来得及放电，$u_a = u_0 = 0\text{ V}$，R_L 中电流跃变为零。然后，电容 C 放电，u_a 上升，i_2 正向增加。负载电流波形如图 3-29（b）所示。

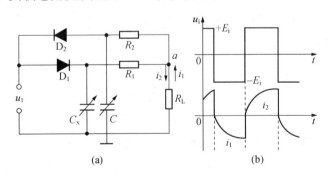

图 3-29　二极管双 T 网络电路原理
（a）二极管双 T 网络；（b）负载电流波形

如果 $C_x = C$，D_1 与 D_2 特性相同，则 i_1 与 i_2 波形相同，方向相反，流经 R_L 的平均电流为零。当待测量引起 C_x 变化时，电流 i_1 与 i_2 波形不同，则在负载 R_L 上有平均电流 I 输出。

3. 充放电脉冲电路

充放电脉冲电路如图 3-30 所示。换向开关 K 为电子开关，当 K 与"1"接通时，电源 E 经电阻 R_1 向电容 C_x 充电。如果换向开关与"1"接通时间比充电时间常数 $\tau_充 = (R_1 + R_L)C_x$ 大 4～6 倍，则在开关 K 与"1"接通期间 C_x 的电压充至 E，C_x 的电荷 $Q = C_x E$。

当开关 K 转向"2"时，传感器电容 C_x 经电阻 R_2 放电。如果 $R_1 = R_2 = R$，则 $\tau_放 = \tau_充 = (R = R_L)C_x$，在开关 K 与"2"接通期间，所充电荷 Q 全部放掉。假若充电和放电的时间相等，均为开关周期 T 的 1/2，那么，在充放电时，流经负载电阻 R_L 的平均电流为：

$$I_a = I_i = I_c = \frac{Q}{\frac{T}{2}} = \frac{2EC_x}{T} \tag{3-37}$$

I_a 与 C_x 为线性关系，测得电流 I_a 可得知 C_x 电容量。

4. 运算放大器电路

运算放大器电路的原理电路如图 3-31 所示。A 为理想的运算放大器，C_x 为平行板电容器，则：

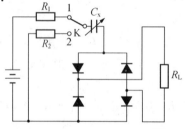

图 3-30　充放电脉冲电路

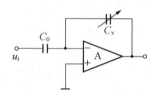

图 3-31　运算放大器原理电路

$$u_o = \frac{C_0}{\varepsilon S} u_i d_x \tag{3-38}$$

即输出电压 u_o 与极板间距 d_x 为线性关系，这就从原理上解决了变极距型电容传感器特性的非线性问题。

3.5　电感式传感器

电感式传感器的基本原理是电磁感应原理，利用电磁感应将被测非电量（如压力、位移等）转换成电感量的变化输出。常用的电感式传感器有自感式和互感式两类。电感式压力传感器大多采用变隙式电感作为检测元件。该元件和弹性敏感元件组合在一起构成的电感式压力传感器具有结构简单、工作可靠、测量力小、分辨力高等特点，在压力或位移造成的变隙在一定范围内（最小几十微米，最大可达数百毫米）时，输出线性可达 0.1%，且比较稳定。

3.5.1　自感式传感器

压力测量经常使用自感式传感器。如图 3-32 所示为闭磁路式自感传感器原理结构图，主要由铁芯、衔铁和线圈3部分组成。

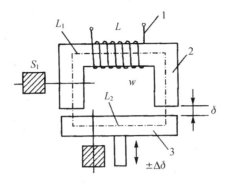

图 3-32 闭磁路式自感传感器原理结构图
1-线圈；2-铁芯（定铁芯）；3-衔铁（动铁芯）

以 δ_0 代表铁芯与衔铁的初始气隙长度，N 为线圈匝数，S 为铁心横截面积。

设磁路总磁阻为 R_M，则线圈电感为：

$$L = N^2/R_M \tag{3-39}$$

磁路总磁阻是由两部分组成，即导磁体磁阻 R_{m1} 和气隙磁阻 R_{m0}，故式（3-39）可写成：

$$L = N^2/(R_{m1} + R_{m0}) \tag{3-40}$$

由于 $R_{m1} \ll R_{m0}$，所以式（3-40）又可写成：

$$L \approx N^2/R_{m0} \tag{3-41}$$

而气隙磁阻 R_{m0} 为：

$$R_{m0} = 2\delta_0/\mu_0 S_0 \tag{3-42}$$

式（3-42）中，S_0 为气隙有效导磁截面积。

则电感量 L 为：

$$L = \frac{N^2 \mu_0 S_0}{2\delta_0} \tag{3-43}$$

当衔铁受外力作用使气隙厚度减小，则线圈电感也发生变化，为：

$$L_x = \frac{N^2 \mu_0 S_0}{2(\delta_0 - \Delta\delta)} \tag{3-44}$$

电感的相对变化量近似为：

$$\frac{\Delta L}{L} = \frac{\Delta\delta}{\delta_0} \tag{3-45}$$

其灵敏度为：

$$K_0 = \frac{\Delta L/L}{\Delta\delta} \approx \frac{1}{\delta_0} \tag{3-46}$$

可见，气隙变化量 $\Delta\delta$ 越小，非线性失真越小；气隙 δ_0 越小，灵敏度越高。因此，该类传感器只适用于微小位移。实际应用中常用差动变隙式自感传感器。如图 3-33 所示，差动变隙式电感传感器由两个相同的电感线圈Ⅰ、Ⅱ和磁路组成。测量时，衔铁通过导杆与被测位移量相连。当被测体上下移动时，导杆带动衔铁也以相同的位移上下移动，使两个磁回路中磁阻发生大小相等、方向相反的变化,导致一个线圈的电感量增加,另一个线圈的电感量减小,形成差动工作形式。

3.5.2 测量电路

1. 交流电桥式测量电路

如图 3-34 所示为交流电桥测量电路,传感器的两个线圈作为电桥的两个桥臂 Z_1 和 Z_2,另外两个相邻的桥臂用纯电阻代替,对于高 Q 值($Q = \omega L/R$)的差动式电感传感器,其输出电压为:

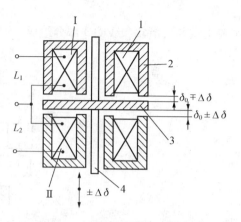

图 3-33 差动变隙式电感传感器
1-线圈;2-铁芯;3-衔铁;4-导杆

$$\dot{U}_0 = \frac{\dot{U}_{AC}}{2}\frac{\Delta Z_1}{Z_1} = \frac{\dot{U}_{AC}}{2}\frac{j\omega\Delta L}{R_{m0} + j\omega L_0} \approx \frac{\dot{U}_{AC}}{2}\frac{\Delta L}{L_0} \tag{3-47}$$

式(3-47)中,L_0 为衔铁在中间位置时单个线圈的电感;ΔL 为两线圈电感的差量。

2. 变压器式交流电桥

变压器式交流电桥测量电路如图 3-35 所示,电桥两臂 Z_1、Z_2 为传感器线圈阻抗,另外两桥臂为交流变压器次级线圈的 1/2 阻抗。当负载阻抗为无穷大时,桥路输出电压为:

$$\dot{U}_0 = \frac{Z_1}{(Z_1 + Z_2)\dot{U}} - \frac{\dot{U}}{2} = \frac{Z_1 - Z_2}{Z_1 + Z_2}\frac{\dot{U}}{2} \tag{3-48}$$

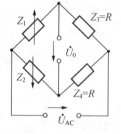

图 3-34 交流电桥测量电路

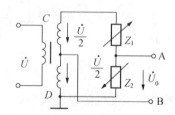

图 3-35 变压器式交流电桥

当传感器的衔铁处于中间位置,即 $Z_1 = Z_2 = Z$ 时,输出电压 $U_0 = 0$,电桥平衡。
当传感器的衔铁上移时,即 $Z_1 = Z - \Delta Z$,$Z_2 = Z + \Delta Z$,此时:

$$\dot{U}_0 = -\frac{\dot{U}}{2}\frac{\Delta Z}{Z} = -\frac{\dot{U}}{2}\frac{\Delta L}{L} \tag{3-49}$$

当传感器的衔铁下移时,则 $Z_1 = Z + \Delta Z$,$Z_2 = Z - \Delta Z$,此时:

$$\dot{U}_0 = \frac{\dot{U}}{2}\frac{\Delta Z}{Z} = \frac{\dot{U}}{2}\frac{\Delta L}{L} \tag{3-50}$$

从式(3-49)及式(3-50)可知,衔铁上下移动相同距离时,输出电压的大小相等,但方向相反。由于 U_0 是交流电压,输出指示无法判断位移方向,故必须配合相敏检波电路来解决。

3.5.3 互感式传感器

互感式传感器有初级线圈和次级线圈。初级线圈接入激励电源后,次级线圈将因互感而产生电压输出。当线圈间互感随被测量变化时,输出电压将产生相应的变化。这种传感器的次级线圈一般有两个,接线方式为差动方式,故又称为差动变压器。差动变压器结构形式较多,有变隙式、变面积式和螺线管式等,但其工作原理基本一样。

1. 工作原理

非电量测量中,应用最多的是螺线管式差动变压器。螺线管式差动变压器结构如图 3-36 所示,它由初级线圈、两个次级线圈和插入线圈中央的圆柱形铁芯等组成。它可以测量 1 ~ 100 mm 范围内的机械位移,并且具有测量精度高、灵敏度高、结构简单、性能可靠等优点。

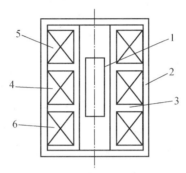

图 3-36 螺线管式差动变压器结构

1-活动衔铁;2-导磁外壳;3-骨架;4-匝数为 ω_1 的初级绕组;5-匝数为 ω_{2a} 的次级绕组;6-匝数为 ω_{2b} 的次级绕组

螺线管式差动变压器按线圈绕组排列方式的不同,可分为一节、二节、三节、四节和五节式等类型,如图 3-37 所示。一节式灵敏度高,三节式零点残余电压较小。通常采用二节式和三节式两类。

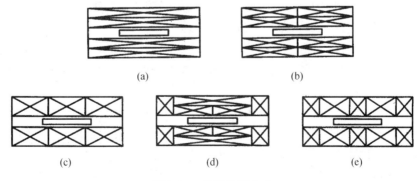

图 3-37 线圈排列方式

(a) 一节式;(b) 二节式;(c) 三节式;(d) 四节式;(e) 五节式

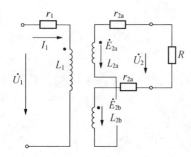

图 3-38 差动变压器等效电路

2. 差动变压器输出电压

差动变压器中两个次级线圈反向串联,并且在忽略铁损、导磁体磁阻和线圈分布电容的理想条件下,其等效电路如图 3-38 所示。二次侧开路时有:

$$\dot{I}_1 = \frac{\dot{U}_1}{r_1 + j\omega L_1} \quad (3\text{-}51)$$

式(3-51)中,ω 为激励电压的角频率;U_1 为一次绕组激励电压;I_1 为一次绕组激励电流;r_1、L_1 为一次绕组直流电阻和电感。

下面分 3 种情况进行分析。

(1) 活动衔铁处于中间位置时,$M_1 = M_2 = M$,则:

$$U_2 = 0 \quad (3\text{-}52)$$

(2) 活动衔铁向上移动,$M_1 = M + \Delta M$ $M_2 = M - \Delta M$,则:

$$\dot{U}_2 = 2\omega \Delta M \dot{U}_1 / [r_1^2 + (\omega L_1)^2]^{1/2} \quad (3\text{-}53)$$

与 E_{2a} 同极性。

(3) 活动衔铁向下移动,$M_1 = M - \Delta M$ $M_2 = M + \Delta M$,则:

$$\dot{U}_2 = -2\omega \Delta M \dot{U}_1 / [r_1^2 + (\omega L_1)^2]^{1/2} \quad (3\text{-}54)$$

与 E_{2b} 同级性。

3.5.4 差动变压器式传感器测量电路

差动变压器输出的是交流电压,若用交流电压表测量,只能反映衔铁位移的大小,而不能反映移动方向。另外,其测量值将包含零点残余电压。为了达到能辨别移动方向及消除零点残余电压的目的,常采用差动整流电路和相敏检波电路。

差动整流电路是把差动变压器的两个次级输出电压分别整流,然后将整流的电压或电流的差值作为输出。图 3-39 给出了几种典型电路形式,其中(a)、(c)适用于交流负载阻抗,(b)、(d)适用于低负载阻抗,电阻 R_0 用于调整零点残余电压。

下面结合图 3-39(c)分析差动整流工作原理。

以图 3-39(c)电路为例,不论两个次级线圈的输出瞬时电压极性如何,流经电容 C_1 的电流方向为从 2 到 4,流经电容 C_2 的电流方向为从 6 到 8,故整流电路的输出电压为:

$$U_2 = U_{24} - U_{68} \quad (3\text{-}55)$$

当衔铁在零位时,因为 $U_{24} = U_{68}$,所以 $U_2 = 0$;当衔铁在零位以上时,因为 $U_{24} > U_{68}$,则 $U_2 > 0$;而当衔铁在零位以下时,因为 $U_{24} < U_{68}$,则 $U_2 < 0$。

差动整流电路结构简单,不需要考虑相位调整和零点残余电压的影响,分布电容影响小,便于远距离传输,故获得广泛应用。

第 3 章 力传感器

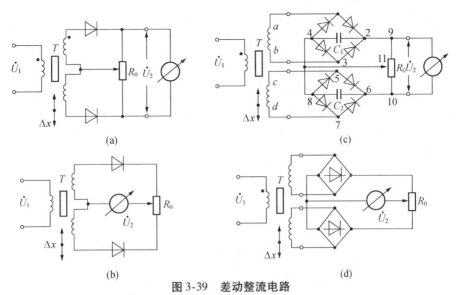

图 3-39 差动整流电路

(a) 半波电压输出；(b) 半波电流输出；(c) 全波电压输出；(d) 全波电流输出

3.6 力传感器应用实例

3.6.1 煤气灶电子点火器

煤气灶电子点火装置如图 3-40 所示，是让高压跳火来点燃气。当使用者将开关往里压时，把气阀打开；将开关旋转，则使弹簧往左压，此时，弹簧有一个很大的力撞击压电晶体，产生高压放电，导致燃烧盘点火。

3.6.2 压电式玻璃破碎报警器

BS-D2 压电式传感器是用于检测玻璃破碎的一种传感器，它利用压电元件对振动敏感的特性来感知玻璃撞击和破碎时产生的振动波。传感器把振动波转换成电压输出，输出电压经放大、过滤、比较等处理后提供给报警系统。

BS-D2 压电式玻璃破碎传感器的外形及内部电路如图 3-41 所示。传感器的最小输出电压为 100 mV，内阻抗为 15～20 kΩ。

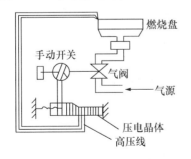

图 3-40 煤气灶电子点火装置

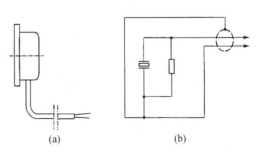

图 3-41 BS-D2 压电式玻璃破碎传感器

(a) 外形；(b) 内部电路

55

报警器的电路框图如图 3-42 所示。使用时传感器用胶粘贴在玻璃上，然后通过电缆和报警电路相连。为了提高报警器的灵敏度，信号经放大后，需经带通滤波器进行滤波，要求它对选定的频谱通带内衰减要小，而带外衰减要尽量大。由于玻璃振动的波长在音频和超声波的范围内，这就使带通滤波器成为电路中的关键器件。当传感器输出信号高于设定的阈值时，比较器才会输出报警信号，驱动报警执行机构工作。

玻璃破碎报警器可广泛用于文物保管、贵重商品保管及其他商品柜台等场合。

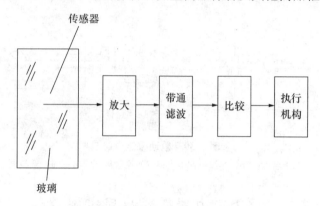

图 3-42 压电式玻璃破碎报警器电路框图

3.6.3 2S5M 压力传感器应用电路举例

如图 3-43 所示是采用 2S5M 传感器的压力测量电路。运算放大器 A_1 构成恒流电路，流入传感器电流为 4 mA。这时，输出电压 V_S 为 12～39 mV，因此，测量电路中运放增益需要 77～250 倍。

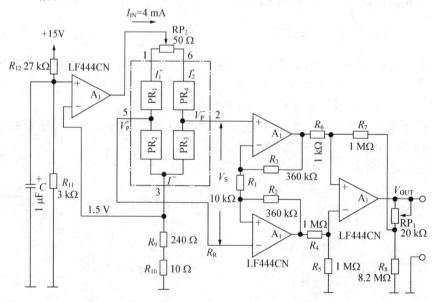

图 3-43 采用 2S5M 的压力测量电路（恒流工作）

2S5M 传感器的失调电压为 -7.8 mV。可在 2S5M 的 1 与 6 脚之间接 50 Ω 电位器调节失调电压。如果失调电压偏到负侧（-10 mV），在 6 脚再串接 10 Ω 电阻即可。

3.6.4 指套式电子血压计

指套式电子血压计是利用放在指套上的压力传感器，把手指的血压变为电信号，由电子检测电路处理后直接显示出血压值的一种微型测量血压装置。如图 3-44 所示为指套式血压计的外形图，它由指套、电子电路及压力源 3 部分组成。指套的外圈为硬性指环，中间为柔性气囊。它直接和压力源相连，旋动调节阀门时，柔性气囊便会被充入气体，使产生的压力作用到手指的动脉上。

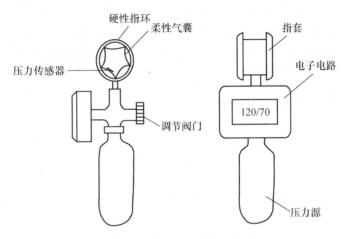

图 3-44 指套式电子血压计外形图

3.6.5 CL-YZ-320 型力敏传感器介绍

CL-YZ-320 型力敏传感器是以金属棒为弹性梁的测力传感器，其外形及结构分别如图 3-45 和图 3-46 所示。在弹性梁的圆柱面上沿轴向均匀粘贴 4 只半导体应变计，两个对臂分别组成半桥，两个半桥分别用于每个轴向的分力测量。当外力作用于弹性梁的承载部位时，弹性梁将产生一个应变值，通过半导体应变计将此应变值转换成相应的电阻变化量，传感器随之输出相应的电信号。

该传感器采用力敏电阻作为敏感元件，体积小，灵敏度高，广泛应用于飞机、坦克、机载等军事及民用领域中的手动操作部件的控制。

图 3-45 力敏传感器外形

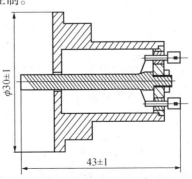

图 3-46 力敏传感器结构

3.7 实　　训

1. 查阅《传感器手册》，了解传感器的种类，熟悉力传感器的性能技术指标及其表示的意义。

2. 利用应变片组成的圆柱式、圆筒式力传感器如图 3-47 所示，应变片对称地粘贴在弹性体外壁应力分布均匀的中间部分，以减小使用时顶端载荷偏心和弯矩的影响。应变片贴在圆柱或圆筒面上的位置及其在电桥电路中的连接如图 3-47（c）、（d）所示，R_1 和 R_3 串接，R_2 和 R_4 串接，并置于电桥电路对臂上以减小弯矩影响，横向贴片作温度补偿用。

制作印制电路板或利用面包板装调该力传感器及电路，过程如下：

（1）准备电路板和元器件，认识元器件；

（2）力传感器和电路装配；

（3）顶端加力前后电桥电路输出测量；

（4）记录实验过程和结果。

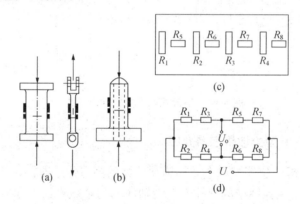

图 3-47　圆柱（筒）式力传感器
（a）圆柱形；(b) 圆筒形；(c) 圆柱（筒）面展开图；(d) 电桥电路连接图

3. 思考若用上题中的传感器和电路做成电子秤如何定标。

3.8 习　　题

1. 弹性敏感元件的作用是什么？有哪些弹性敏感元件？如何使用？

2. 电阻应变片是根据什么基本原理来测量力的？简述图 3-9 所示不同类型应变片传感器的特点。

3. 图 3-11（d）为应变片全桥测量电路，试推导其输出电压 U_0 的表达式。

4. 利用图 3-12 分析石英晶体的压电效应。

5. 利用图 3-18（a）等效电路分析该电压传感器电路为什么不能用于静态力的测量？

第4章 光电传感器

本章要点

- 光电传感器是以光电效应为基础,将光信号转换为电信号的传感器;
- 光电器件的工作原理和特性及应用;
- 红外线传感器、光纤传感器的工作原理及应用。

4.1 光电效应

用光照射某一物体,可以看作物体受到一连串具有能量(每个光子能量的大小等于普朗克常数 h 乘以光的频率 γ,即 $E=h\gamma$)的光子的轰击,组成该物体的材料吸收光子能量而发生相应电效应的物理现象称为光电效应。由于被光照射的物体材料不同,所产生的光电效应也不同。通常光照射到物体表面后产生的光电效应可分为外光电效应和内光电效应。根据这些光电效应可以制成不同的光电转换器件(光电元件),如光电管、光电倍增管、光敏电阻、光敏晶体管及光电池等。下面对两种光电效应分别加以介绍,根据其制成的光电器件将在4.2节中介绍。

4.1.1 外光电效应

在光线的作用下,物体内的电子逸出物体表面向外发射的现象称为外光电效应。向外发射的电子叫做光电子。基于外光电效应的光电器件有光电管、光电倍增管等。光子是具有能量的粒子,每个光子的能量为 $E=h\gamma$,根据爱因斯坦假设,一个电子只能接受一个光子的能量,所以要使一个电子从物体表面逸出,必须使光子的能量大于该物体的表面逸出功,超过部分的能量表现为逸出电子的动能。外光电效应多发生于金属和金属氧化物,从光开始照射至金属释放电子所需时间不超过 $9\sim10\,\mathrm{s}$。

根据能量守恒定理:

$$\frac{1}{2}mv^2 = h\gamma - A \tag{4-1}$$

式(4-1)中,m 为电子质量;v 为电子逸出物体表面时的初速度;h 为普朗克常数,$h=6.626\times10^{-34}\,\mathrm{J\cdot s}$;$\gamma$ 为入射光频率;A 为物体逸出功。该方程称为爱因斯坦光电效应方程。

光电子能否产生,取决于光电子的能量是否大于该物体的表面电子逸出功 A。不同的物质具有不同的逸出功,即每一个物体都有一个对应的光频阈值,称为红限频率或波长限。入射光频率低于红限频率时,光子能量不足以使物体内的电子逸出,因而小于红限频率的入射光，光强再大也不会产生光电子发射；反之，入射光频率高于红限频率，即使光线微弱，也会有光电子射出。

当入射光的频谱成分不变时，产生的光电流与光强成正比。即光强愈大，入射光子数目越多，逸出的电子数也就越多。

光电子逸出物体表面具有初始动能 $\frac{1}{2}mv^2$，因此外光电效应器件（如光电管）即使没有加阳极电压，也会有光电子产生。为了使光电流为零，必须加负的截止电压，而且截止电压与入射光的频率成正比。

4.1.2 内光电效应

当光照射在物体上，使物体的电阻率 ρ 发生变化，或产生光生电动势的现象叫做内光电效应，它多发生于半导体内。根据工作原理的不同，内光电效应分为光电导效应和光生伏特效应两类。

1. 光电导效应

在光线作用，电子吸收光子能量从键合状态过渡到自由状态，而引起材料电导率的变化，这种现象被称为光电导效应。基于这种效应的光电器件有光敏电阻。

2. 光生伏特效应

在光线作用下能够使物体产生一定方向的电动势的现象叫做光生伏特效应。基于该效应的光电器件有光电池等。光生伏特效应又可分为势垒效应和侧向光电效应两类。

（1）势垒效应（结光电效应）。

接触的半导体和 PN 结中，当光线照射其接触区域时，便引起光电动势，这就是结光电效应。以 PN 结为例，光线照射 PN 结时，设光子能量大于禁带宽度 E_g，使价带中的电子跃迁到导带，从而产生电子-空穴对，在阻挡层内电场的作用下，被光激发的电子移向 N 区外侧，被光激发的空穴移向 P 区外侧，从而使 P 区带正电，N 区带负电，形成光电动势。

（2）侧向光电效应。

当半导体光电器件受光照不均匀时，有载流子浓度梯度将会产生侧向光电效应。当光照部分吸收入射光子的能量产生电子-空穴对时，光照部分载流子浓度比未受光照部分的载流子浓度大，就出现了载流子浓度梯度，因而载流子就要扩散。如果电子迁移率比空穴大，那么空穴的扩散不明显，则电子向未被光照部分扩散，就造成光照射的部分带正电，未被光照射部分带负电，光照部分与未被光照部分产生光电动势。基于该效应的光电器件如半导体光电位置敏感器件（PSD）。

4.2 光 电 器 件

4.2.1 光电管与光电倍增管

1. 光电管

光电管的外形和结构如图 4-1 所示，半圆筒形金属片制成的阴极 K 和位于阴极轴心的金属丝制成的阳极 A 封装在抽成真空的玻璃壳内，当入射光照射在阴极上时，单个光子就把它的全部能量传递给阴极材料中的一个自由电子，从而使自由电子的能量增加 $h\nu$。当电子获得的能量大于阴极材料的逸出功 A 时，它就可以克服金属表面束缚而逸出，形成电子发射。

光电管正常工作时，阳极电位高于阴极，如图 4-2 所示。在入射光频率大于"红限"的前提下，从阴极表面逸出的光电子被具有正电位的阳极所吸引，在光电管内形成空间电子流，称为光电流。此时若光强增大，轰击阴极的光子数增多，单位时间内发射的光电子数也就增多，光电流变大。在图 4-2 所示的电路中，电流和电阻之上的电压降就和光强成函数关系，从而实现光电转换。

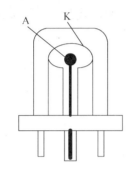
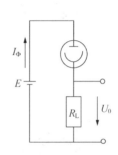

图 4-1　光电管的结构示意图　　　　图 4-2　光电管的测量电路

2. 光电倍增管

由于真空光电管的灵敏度低，因此人们研制了具有放大光电流能力的光电倍增管。图 4-3 是光电倍增管结构示意图。

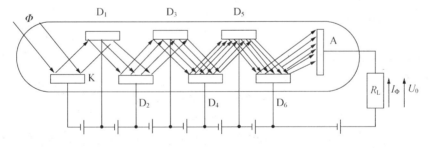

图 4-3　光电倍增管结构示意图

从图 4-3 中可以看到光电倍增管也有一个阴极 K 和一个阳极 A，与光电管不同的是，在光电倍增管的阴极和阳极间设置了若干个二次发射电极，D_1、D_2、D_3……它们分别称为第一倍增电极、第二倍增电极、第三倍增电极……倍增电极通常为 10～15 级。光电倍增管工作时，相邻电极之间保持一定电位差，其中阴极电位最低，各倍增电极电位逐级升高，阳极电位最高。当入射光照射阴极 K 时，从阴极逸出的光电子被第一倍增电极 D_1 加速，以高速轰击 D_1，引起二次电子发射，一个入射的光电子可以产生多个二次电子，D_1 发射出的二次电子又被 D_1、D_2 间的电场加速，射向 D_2 并再次产生二次电子发射……

这样逐级产生的二次电子发射，使电子数量迅速增加，这些电子最后到达阳极，形成较大的阳极电流。若倍增电极有 n 级，各级的倍增率为 σ，则光电倍增管的倍增率可以认为是 $n\sigma$。因此，光电倍增管有极高的灵敏度。在输出电流小于 1 mA 的情况下，它的光电特性在很宽的范围内具有良好的线性关系。光电倍增管的这个特点，使它多用于微光测量。

如图 4-4 所示为光电倍增管的基本电路。各倍增极的电压是用分压电阻获得的，阳极电流流经负载电阻得到输出电压。当用于测量稳定的辐射通量时，图 4-4 中虚线连接的电容 C_1、$C_2 \cdots C_n$ 和输出隔离电容 C_0 都可以省去。这时电路往往将电源正端接地，并且输出可以直接与放大器输入端连接，从而使它能够响应变化缓慢的入射光通量。但当入射光通量为脉冲通量时，则应将电源的负端接地，因为光电倍增管的阴极接地比阳极接地有更低的噪声，此时输出端应接入隔离电容；同时各倍增极的并联电容亦应接入，以稳定脉冲工作时的各级工作电压，稳定增益并防止饱和。

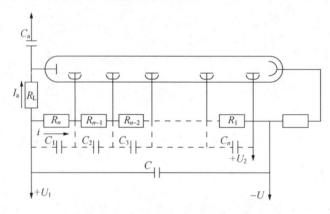

图 4-4　光电倍增管的基本电路

4.2.2　光敏电阻

光敏电阻是采用半导体材料制作，利用内光电效应工作的光电元件。它在光线的作用下其阻值往往变小，这种现象称为光导效应，因此，光敏电阻又称光导管。

用于制造光敏电阻的材料主要是金属的硫化物、硒化物和碲化物等半导体。通常采用涂敷、喷涂、烧结等方法在绝缘衬底上制作很薄的光敏电阻体及梳状欧姆电极，然后接出引线，封装在具有透光镜的密封壳体内，以免受潮影响其灵敏度。光敏电阻的原理结构如图 4-5 所示。在黑暗环境里，它的电阻值很高，当受到光照时，只要光子能量大于半导体材料的禁带宽度，则价带中的电子吸收一个光子的能量后可跃迁到导带，并在价带中产生一个带正电荷的空穴，这种由光照产生的电子-空穴对增加了半导体材料中载流子的数目，使其电阻率变小，从而造成光敏电阻阻值下降。光照愈强，

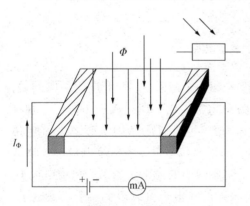

图 4-5　光敏电阻结构示意图及图形符号

阻值愈低。入射光消失后，由光子激发产生的电子-空穴对将逐渐复合，光敏电阻的阻值也就逐渐恢复原值。

在光敏电阻两端的金属电极之间加上电压，其中便有电流通过，受到适当波长的光线照射时，电流就会随光强的增加而变大，从而实现光电转换。光敏电阻没有极性，纯粹是一个电阻器件，使用时既可加直流电压，也可以加交流电压。

4.2.3 光敏二极管和光敏三极管

光敏二极管和光敏三极管也是基于内光电效应，和光敏电阻的差别仅在于光线照射在半导体 PN 结上，PN 结参与了光电转换过程。

光敏二极管的结构和普通二极管相似，只是它的 PN 结装在管壳顶部，光线通过透镜制成的窗口，可以集中照射在 PN 结上，如图 4-6（a）所示为其结构示意图。光敏二极管在电路中通常处于反向偏置状态，如图 4-6（b）所示。

当 PN 结加反向电压时，反向电流的大小取决于 P 区和 N 区中少数载流子的浓度。无光照时 P 区中少数载流子（电子）和 N 区中的少数载流子（空穴）都很少，因此反向电流很小。但是当光照 PN 结时，只要光子能量 $h\nu$ 大于材料的禁带宽度，就会在 PN 结及其附近产生光生电子-空穴对，从而使 P 区和 N 区少数载流子浓度大大增加，它们在外加反向电压和 PN 结内电场作用下定向运动，分别在两个方向上渡越 PN 结，使反向电流明显增大。如果入射光的照度变化，光生电子-空穴对的浓度将相应变动，通过外电路的光电流强度也会随之变动，光敏二极管就把光信号转换成了电信号。

光敏三极管有两个 PN 结，因而可以获得电流增益，它比光敏二极管具有更高的灵敏度。光敏三极管的结构如图 4-7（a）所示。

当光敏三极管按图 4-7（b）所示的电路连接时，它的集电结反向偏置，发射结正向偏置，无光照时仅有很小的穿透电流流过。当光线通过透明窗口照射集电结时，和光敏二极管的情况相似，将使流过集电结的反向电流增大，这就造成基区中正电荷的空穴的积累，发射区中的多数载流子（电子）将大量注入基区。由于基区很薄，只有一小部分从发射区注入的电子与基区的空穴复合，而大部分电子将穿过基区流向与电源正极相接的集电极，形成集电极电流。这个过程与普通三极管的电流放大作用相似，它使集电极电流是原始光电流的 $(1+\beta)$ 倍。这样集电极电流将随入射光照度的改变而更加明显地变化。

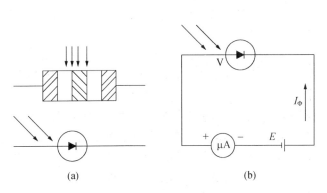

图 4-6 光敏二极管
（a）结构示意图和图形符号；（b）基本电路

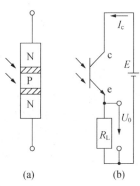

图 4-7 光敏三极管
（a）结构示意图；（b）基本电路

4.2.4 光电池

光电池是一种自发电式的光电元件,它受到光照时自身能产生一定方向的电动势,在不加电源的情况下,只要接通外电路,便有电流通过。光电池的种类很多,有硒、氧化亚铜、硫化铊、硫化镉、锗、硅、砷化镓光电池等,其中应用最广泛的是硅光电池,因为它有一系列优点,例如性能稳定、光谱范围宽、频率特性好、转换效率高,能耐高温、耐辐射等。另外,由于硒光电池的光谱峰值位于人眼的视觉范围,所以很多分析仪器、测量仪表也常用到它。

硅光电池的工作原理基于光生伏特效应,它是在一块 N 型硅片上用扩散的方法掺入一些 P 型杂质而形成的一个大面积 PN 结,如图 4-8（a）所示。当光照射 P 区表面,且入射光子的数量足够大时,P 型区内每吸收一个光子便产生一个电子-空穴对。P 区表面吸收的光子最多,激发的电子空穴也最多,越向内部越少。这种浓度差便形成从表面向体内扩散的自然趋势。由于 PN 结内电场的方向是由 N 区指向 P 区的,它使扩散到 PN 结附近的电子-空穴对分离,光生电子被推向 N 区,光生空穴被留在 P 区,从而使 N 区带负电,P 区带正电,形成光生电动势。若用导线连接 P 区和 N 区,电路中就有光电流流过。

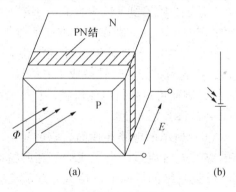

图 4-8 光电池
（a）结构示意图；（b）图形符号

4.2.5 光电器件的特性

1. 光照特性

当在光电器件上加上一定电压时,光电流与光通量之间的对应关系,称为光照特性。

对于光敏电阻器,因其灵敏度高且光照特性呈非线性,故一般在自动控制中用作开关器件。其光照特性如图 4-9（a）所示。

光电池的开路电压 U 与照度 E 是对数关系,在 2 000 lx 的照度下趋于饱和。光电池的短路电流 I_{sc} 与照度呈线性关系,线性范围下限由光电池的噪声电流控制,上限受光电池的串联电阻限制,降低噪声电流、减小串联电阻都可扩大线性范围。光电池的输出电流与受光面积成正比,增大受光面积可以加大短路电流。光电池大多用作测量器件。由于其内阻很大,加之输出电流与照度是线性关系,所以多以电流源的形式使用。

光电池的负载变化对它的线性工作范围也有影响,若负载电阻增大,则光电流减小。对闭合电路来说,增加负载电阻,等效于增大了光电池的串联电阻。当负载电阻不为零时,随着照度的增加,光电流 I 与光生电压 U 都在增加,光电池处于正偏状态,并联电阻减小,因而内耗增加,流入外电路的电流减小,故与照度呈非线性关系。负载电阻越大,并联电阻的分电流作用越明显,流到外电路中的电流也越小,带来的非线性就越大。其光照特性如图4-9(b)所示。

光敏二极管的光照特性为线性,如图4-9(c)所示,适于做检测器件。

光敏晶体管的光照特性呈非线性,如图4-9(d)所示,但由于其内部具有放大作用,故灵敏度较高。

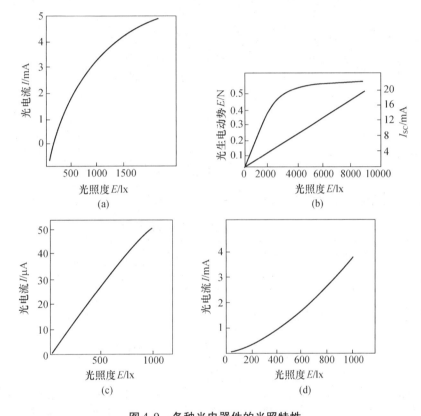

图 4-9 各种光电器件的光照特性
(a)光敏电阻器;(b)光电池;(c)光敏二极管;(d)光敏晶体管

2. 光谱特性

光电器件处加一定的电压,这时若有一束单色光照射到光电器件上,如果入射光功率相同,光电流会随入射光波长的不同而变化。入射光波长与光电器件相对灵敏度或相对光电流间的关系即为该器件的光谱特性。各种光电器件的光谱特性如图4-10所示。

由图4-10可见,材料不同,所能响应的峰值波长也不同,因此,应根据光谱特性来确定光源与光电器件的最佳匹配。在选择光电器件时,应使最大灵敏度在需要测量的光谱范围内,才有可能获得最高灵敏度。

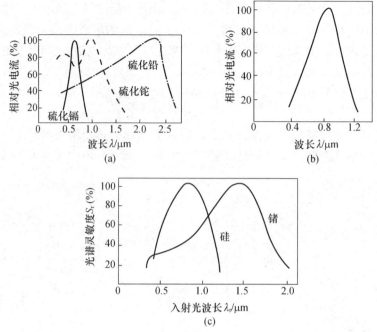

图 4-10　各种光电器件的光谱特性

（a）光敏电阻器；（b）硅光敏二极管；（c）光电管

几种光电材料的光谱峰值波长参见表 4-1。

表 4-1　几种光电材料的光谱峰值波长

材料名称	GaAsP	GaAs	Si	HgCdTe	Ge	GaInAsP	AlGaSb	GaInAs	InSb
峰值波长/μm	0.6	0.65	0.8	1～2	1.3	1.3	1.4	1.65	5.0

光的波长与颜色的关系参见表 4-2。

表 4-2　光的波长与颜色的关系

颜　色	紫外	紫	蓝	绿	黄	橙	红	红外
波长/μm	10^{-4}～0.39	0.39～0.46	0.46～0.49	0.49～0.58	0.58～0.60	0.60～0.62	0.62～0.76	0.76～1000

3. 伏安特性

在一定照度下，光电流 I 与光电器件两端电压 U 的对应关系，称为伏安特性。同晶体管的伏安特性一样，根据光电器件的伏安特性可以确定光电器件的负载电阻，设计应用电路。光电池的伏安特性如图 4-11（a）所示。

图 4-11（b）中的曲线 1 和 2 分别表示照度为零和某一照度时光敏电阻器的伏安特性。光敏电阻器的最高使用电压由它的耗散功率确定，而耗散功率又与光敏电阻器的面积、散热情况有关。

光敏晶体管在不同照度下的伏安特性与一般晶体管在不同基极电流下的输出特性相

似，如图 4-11（c）所示。

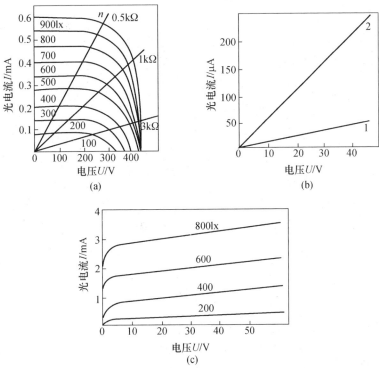

图 4-11　各种光电器件的伏安特性
（a）光电池；（b）光敏电阻器；（c）光敏晶体管

4．频率特性

在相同的电压和同样幅值的光照下，当入射光以不同频率的正弦频率调制时，光电器件输出的光电流 I 和灵敏度 S 会随调制频率 f 而变化，它们的关系 $I = F_1(f)$ 或 $S = F_2(f)$ 称为频率特性。以光生伏特效应原理工作的光电器件的频率特性较差，以内光电效应原理工作的光电器件（如光敏电阻）的频率特性更差。

如图 4-12（a）所示，光敏电阻器的频率特性较差，这是由于存在光电导的弛豫现象的缘故。

光电池的 PN 结面积大，又工作在零偏置状态，所以极间电容较大，其频率特性如图 4-12（b）所示。由于响应速度与结电容和负载电阻的乘积有关，故要想改善其频率特性，可以减小负载电阻或减小结电容。

光敏二极管的频率特性是半导体光电器件中最好的。光敏二极管结电容和杂散电容与负载电阻并联，工作频率越高，分流作用越强，频率特性越差。想要改善频率特性，也可采取减小负载电阻的办法。另外，也可采用 PIN 光敏二极管，这种光敏二极管由于中间 I 层的电阻率很高，可以起到电容介质作用。当加上相同的反向偏压时，PIN 光敏二极管的耗尽层比普通 PN 结光敏二极管宽很多，从而减少了结电容。

光敏晶体管由于集电极结电容较大，基区渡越时间长，它的频率特性比光敏二极管差，其频率特性如图 4-12（c）所示。

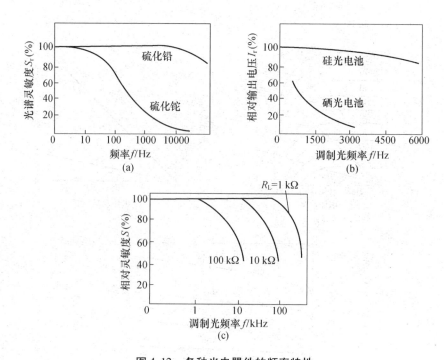

图 4-12 各种光电器件的频率特性

(a) 光敏电阻器; (b) 光电池; (c) 光敏晶体管

5. 温度特性

部分光电器件的输出受温度影响较大。如光敏电阻器,当温度上升时,暗电流增大,灵敏度下降,因此常需温度补偿。再如光敏晶体管,由于温度变化对暗电流影响非常大,并且是非线性的,故给微光测量带来较大误差。由于硅管的暗电流比锗管小几个数量级,所以在微光测量中应采用硅管,并用差动的办法来减小温度的影响。

光电池受温度的影响主要表现在开路电压随温度增加而下降,短路电流随温度上升缓慢增加,其中电压温度系数较大,电流温度系数较小。当光电池作为检测器件时,也应考虑温度漂移的影响,采取相应措施进行补偿。

6. 响应时间

不同光电器件的响应时间有所不同,如光敏电阻器较慢,约为 $10^{-1} \sim 10^{-3}$ s,一般不能用于要求快速响应的场合。工业用硅光敏二极管的响应时间为 $10^{-5} \sim 10^{-7}$ s,光敏晶体管的响应时间比二极管约慢一个数量级,因此在要求快速响应或入射光调制光频率较高时应选用硅光敏二极管。

4.2.6 光电器件的应用

1. 自动照明灯

这种自动照明灯适用于医院、学生宿舍及公共场所。它白天自动灭而晚上自动亮,其应用电路如图 4-13 所示。VD 为触发二极管,触发电压约为 30 V。在白天,光敏电阻的

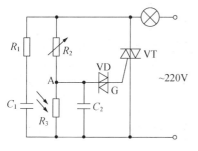

图 4-13 自动照明灯的应用电路

阻值低,其分压低于 30 V(A 点),触发二极管截止,双向晶闸管无触发电流,呈断开状态。

晚上天黑,光敏电阻阻值增加,A 点电压大于 30 V,触发二极管导通,双向晶闸管呈导通状态,电灯亮。R_1、C_1 为保护双向晶闸管的电路。

2. 光电式数字转速表

如图 4-14 所示为光电式数字转速表的工作原理图。图 4-14(a)中,在电动机的转轴上涂上黑白相间的两色条纹,当电动机轴转动时,反光与不反光交替出现,所以光电器件间断接收光的反射信号,输出电脉冲,再经过放大整形电路(如图 4-15 所示),输出整齐的方波信号,由数字频率计测出电动机的转速。图 4-14(b)中,在电动机轴上固定一个调制盘,当电动机转轴转动时,将发光二极管发出的恒定光调制成随时间变化的调制光,同样经光电器件接收,放大整形电路整形,输出整齐的脉冲信号,转速可由该脉冲信号的频率来测定。

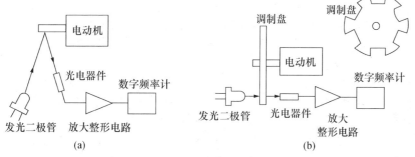

图 4-14 光电式数字转速表的工作原理图

(a)电动机轴涂黑白条纹;(b)电动机轴固定调制盘

每分钟的转速 n 与频率 f 的关系如下:

$$n = \frac{60f}{N} \tag{4-2}$$

式(4-2)中,N 为孔数或黑白条纹数目。

电脉冲的放大整形电路如图 4-15 所示。当有光照时,光敏二极管产生光电流,使 R_2 上压降增大到使晶体管 VT_1 导通,还作用到由 VT_2 和 VT_3 组成的射极耦合触发器,使其输出 U_0 为高电位。反之,U_0 为低电位。该脉冲信号 U_0 可送到频率计进行测量。

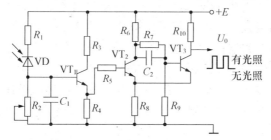

图 4-15 电脉冲的放大整形电路

3. 物体长度及运动速度的检测

工业中，经常需要检测工件的运动速度。图 4-16 是利用光电器件检测物体的运动速度（长度）的示意图。

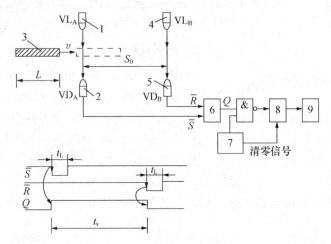

图 4-16　利用光电器件检测物体的运动速度（长度）的示意图

1-光源 A；2-光敏元件 VD_A；3-运动物体；4-光源 B；5-光敏元件 VD_B；
6-RS 触发器；7-高频脉冲信号源；8-计数器；9-显示器

当物体自左向右运动时，首先遮断光源 A 的光线，光敏元件 VD_A 输出低电平，触发 RS 触发器，使其置"1"，与非门打开，高频脉冲可以通过，计数器开始计数。当物体经过设定的距离 S_0 而遮挡光源 B 时，光敏元件 VD_B 输出低电平，RS 触发器置"0"，与非门关闭，计数器停止计数。设高频脉冲的频率 $f = 1\text{ MHz}$，周期 $T = 1\text{ μs}$，计数所计脉冲数为 n，则可判断出物体通过已知距离 S_0 所经历的时间为 $t_v = nT = n$（μs），则运动物体的平均速度为：

$$\bar{v} = \frac{S_0}{t_v} = \frac{S_0}{nT} \tag{4-3}$$

应用上述原理，还可以测量出运动物体的长度 L，请读者自行分析。

4.3　红外线传感器

红外技术是在最近几十年中发展起来的一门新兴技术。它已在科技、国防和工农业生产等领域获得了广泛的应用。红外传感器按其应用可分为以下几方面：（1）红外辐射计，用于辐射和光谱辐射测量；（2）搜索和跟踪系统，用于搜索和跟踪红外目标，确定其空间位置并对它的运动进行跟踪；（3）热成像系统，可产生整个目标红外辐射的分布图像，如红外图像仪、多光谱扫描仪等；（4）红外测距和通信系统；（5）混合系统，是指以上各类系统中的两个或多个的组合。

4.3.1 红外辐射

红外辐射俗称红外线,它是一种不可见光。由于其为位于可见光中红色光以外的光线,故又称红外线。红外辐射的波长范围大致在 $0.76\sim1000\,\mu m$,其在电磁波谱中的位置如图 4-17 所示。工程上又把红外线所占据的波段分为 4 部分,即近红外、中红外、远红外和极远红外。

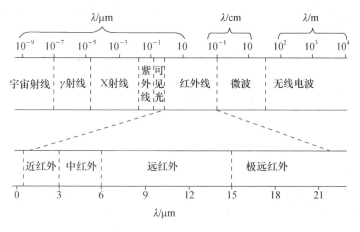

图 4-17 电磁波谱图

红外辐射的物理本质是热辐射。一个炽热物体向外辐射的能量大部分是通过红外线辐射出来的。物体的温度越高,辐射出来的红外线越多,辐射的能量就越强。而且,红外线被物体吸收时,可以显著地转变为热能。

红外辐射和所有电磁波一样,都是以波的形式在空间直线传播的。它在大气中传播时,大气层对不同波长的红外线存在不同的吸收带,红外线气体分析器就是利用该特性工作的。空气中对称的双原子气体,如 N_2、O_2、H_2 等不吸收红外线;而红外线在通过大气层时,有 3 个波段透过率高,分别为 $2\sim2.6\,\mu m$、$3\sim5\,\mu m$ 和 $8\sim14\,\mu m$,统称它们为"大气窗口"。这 3 个波段对红外探测技术特别重要,因为红外探测器一般都工作在这 3 个波段(大气窗口)之内。

4.3.2 红外探测器

红外传感器一般由光学系统、探测器、信号调理电路及显示系统等组成。红外探测器是红外传感器的核心。红外探测器种类很多,常见的有两大类:热探测器和光子探测器。

1. 热探测器

热探测器是利用红外辐射的热效应,探测器的敏感元件吸收辐射能后引起温度升高,进而使有关物理参数发生相应变化,通过测量物理参数的变化,便可确定探测器所吸收的红外辐射。

与光子探测器相比,热探测器的探测率比光子探测器的峰值探测率低,响应时间长。

但热探测器主要优点是响应波段宽，响应范围可扩展到整个红外区域，可以在室温下工作，使用方便，故其应用仍相当广泛。

热探测器的主要类型有热释电型、热敏电阻型、热电偶型和气体型探测器。而热释电探测器在热探测器中探测率最高，频率响应最宽，所以这种探测器备受重视，发展很快。这里主要介绍热释电探测器。

热释电红外探测器由具有极化现象的热晶体（或称"铁电体"）材料制作。"铁电体"的极化强度（单位面积上的电荷）与温度有关。当红外辐射照射到已经极化的铁电体薄片表面上时，引起薄片温度升高，使其极化强度降低，表面电荷减少，这相当于释放一部分电荷，所以叫做热释电传感器。如果将负载电阻与铁电体薄片相连，则负载电阻上便产生一个电信号输出。输出信号的强弱取决于薄片温度变化的快慢，从而反映出入射的红外辐射的强弱，热释电型红外传感器的电压响应率正比于入射光辐射率变化的速率。

2. 光子探测器

光子探测器利用入射红外辐射的光子流与探测器材料中电子的相互作用，改变电子的能量状态，引起各种电学现象，这称为光子效应。通过测量材料电子性质的变化，可以知道红外辐射的强弱。利用光子效应制成的红外探测器，统称光子探测器。光子探测器有内光电和外光电探测器两种，后者又分为光电导、光生伏特和光磁电探测器3种。光子探测器的主要特点是灵敏度高，响应速度快，具有较高的响应频率，但探测波段较窄，一般需要在低温下工作。

4.3.3 红外传感器的应用

1. 红外测温仪

红外测温仪是利用热辐射体在红外波段的辐射通量来测量温度的。当物体的温度低于1000℃时，它向外辐射的不再是可见光而是红外光了，可用红外探测器检测温度。如果采用分离出所需波段的滤光片，就可使红外测温仪工作在任意红外波段。

目前常见的红外测温仪方框图如图4-18所示，它是一个包括光、机、电一体化的红外测温系统。图4-18中的光学系统是一个固定焦距的透射系统，滤光片一般采用只允许8～14 μm的红外辐射能通过的材料。步进电机带动调制盘转动，将被测的红外辐射调制成交变的红外辐射线。红外探测器一般为（钽酸锂）热释电探测器，透镜的焦点落在其光敏面上。被测目标的红外辐射通过透镜聚焦在红外探测器上，红外探测器将红外辐射变换为电信号输出。

红外测温仪电路比较复杂，包括前置放大、选频放大、温度补偿、线性化、发射率（ε）调节等。目前已有一种带单片机的智能红外测温仪，利用单片机与软件的功能，大大简化了硬件电路，提高了仪表的稳定性、可靠性和准确性。

红外测温仪的光学系统可以是透射式，也可以是反射式。反射式光学系统多采用凹面玻璃反射镜，并在镜的表面镀金、铝、镍或铬等对红外辐射反射率很高的金属材料。

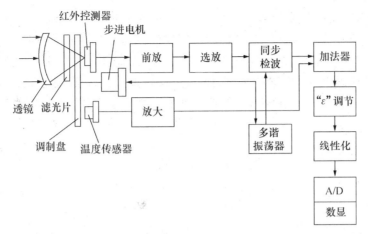

图4-18 红外测温仪方框图

2. 红外线气体分析仪

红外线气体分析仪是根据气体对红外线具有选择性的吸收的特性来对气体成分进行分析的。不同气体的吸收波段（吸收带）不同，图4-19给出了几种气体对红外线的透射光谱。从图4-19中可以看出，CO气体对波长为4.65μm附近的红外线具有很强的吸收能力，CO_2气体则在2.78μm和4.26μm附近以及波长大于13μm的范围对红外线有较强的吸收能力。如分析CO气体，则可以利用4.26μm附近的吸收波段进行分析。

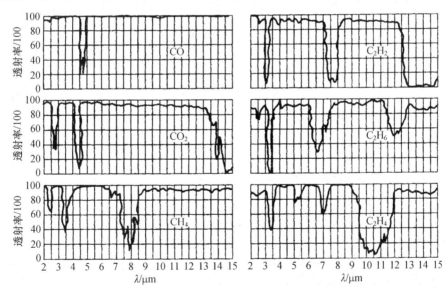

图4-19 几种气体对核威胁的透射光谱

如图4-20所示是工业用红外线气体分析仪的结构原理图，它由红外线辐射光源、气室、红外检测器及电路等部分组成。

光源由镍铬丝通电加热发出3～10μm的红外线，切光片将连续的红外线调制成脉冲状的红外线，以便于红外线检测器信号的检测。红外检测器是薄膜电容型，它有两个吸收气室，其中测量气室中通入被分析气体，参比气室中封入不吸收红外线的气体（如 N_2 等）。当被测气体吸收了红外辐射能量后，气体温度升高，导致室内压力增大。测量时（如分析 CO 气体的含量），两束红外线经反射、切光后射入测量气室和参比气室。由于测量气室中含有一定量的 CO 气体，该气体对 4.65 μm 的红外线有较强的吸收能力，而参比气室中气体不吸收红外线，这样射入红外探测器两个吸收气室的红外线光造成能量差异，使两吸收气室压力不同，测量边的压力减小，于是薄膜偏向定片方向，改变了薄膜电容两电极间的距离，也就改变了电容 C。

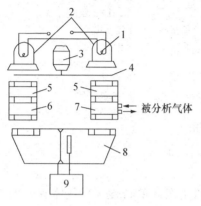

图 4-20 红外线气体分析仪结构原理图

1-光源；2-抛物体反射镜；3-同步电动机；4-切光片；5-滤波气室；6-参比气室；7-测量气室；8-红外探测器；9-放大器

如果被测气体的浓度愈大，两束光强的差值也愈大，则电容的变化也愈大，因此电容变化量反映了被分析气体中被测气体的浓度。

如图 4-20 所示结构中还设置了滤波气室。它是为了消除干扰气体对测量结果的影响。所谓干扰气体，是指与被测气体吸收红外线波段有部分重叠的气体，如 CO 气体和 CO_2 气体在 4～5 μm 波段内红外吸收光谱有部分重叠，则 CO_2 的存在会对分析 CO 气体带来影响，这种影响称为干扰。为此，在测量边和参比边各设置了一个封有干扰气体的滤波气室，它能将 CO_2 气体对应的红外线吸收波段的能量全部吸收，因此左、右两边吸收气室的红外线能量之差只与被测气体（如 CO）的浓度有关。

4.4 光纤传感器

4.4.1 光纤传感器概述

光纤传感器是 20 世纪 70 年代中期发展起来的一门新技术，它是伴随着光纤及光通信技术的发展而逐步形成的。

光纤传感器与传统的各类传感器相比有一系列优点，如不受电磁干扰，体积小，重量轻，可挠曲，灵敏度高，耐腐蚀，电绝缘、防爆性好，易与微机连接，便于遥测等。它能用于温度、压力、应变、位移、速度、加速度、磁、电、声和 pH 值等各种物理量的测量，具有极为广泛的应用前景。

光纤传感器可以分为两大类：一类是功能型（传感型）传感器，另一类是非功能型（传光型）传感器。功能型传感器是利用光纤本身的特性把光纤作为敏感元件，被测量对光纤内传输的光进行调制，使传输的光的强度、相位、频率或偏振态等特性发生变化，再通过对被调制过的信号进行解调，从而得出被测信号。非功能型传感器是利用其他敏感元件感受被测量的变化，光纤仅作为信息的传输介质。

光纤传感器所用光纤包括单模光纤和多模光纤。单模光纤的纤芯直径通常为 $2\sim 12\ \mu m$，很细的纤芯半径接近于光源波长的长度，仅能维持一种模式传播。一般相位调制型和偏振调制型的光纤传感器采用单模光纤，光强度调制型或传光型光纤传感器多采用多模光纤。

为了满足特殊要求，又出现了保偏光纤、低双折射光纤、高双折射光纤等。采用新材料研制特殊结构的专用光纤是光纤传感技术发展的方向。

4.4.2 光纤的结构和传输原理

1. 光纤的结构

光导纤维简称为光纤，目前基本上还是采用石英玻璃，其结构如图 4-21 所示。中心的圆柱体叫纤芯，围绕着纤芯的圆形外层叫做包层。纤芯和包层主要由不同掺杂的石英玻璃制成。纤芯的折射率 n_1 略大于包层的折射率 n_2，在包层外面还常有一层保护套，多为尼龙材料。光纤的导光能力取决于纤芯和包层的性质，而光纤的机械强度由保护套维持。

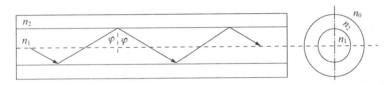

图 4-21 光纤的结构

2. 光纤的传输原理

众所周知，光在空间是直线传播的。在光纤中，光的传输限制在光纤中，并能随光纤传送到很远的距离。光纤的传输是基于光的全内反射。

当光纤的直径比光的波长大很多时，可以用几何光学的方法来说明光在光纤内的传播。设有一段圆柱形光纤，如图 4-22 所示，它的两个端面均为光滑的平面。当光线射入一个端面并与圆柱的轴线成 θ 角时，根据斯涅耳光的折射定律，在光纤内折射成 θ'，然后以 φ 角入射至纤芯与包层的界面。若要在界面上发生全反射，则纤芯与界面的光线入射角 φ 应大于临界角 φ_c，即：

$$\varphi \geqslant \varphi_c = \arcsin \frac{n_2}{n_1} \tag{4-4}$$

并在光纤内部以同样的角度反复逐次反射，直至传播到另一端面。

为满足光在光纤内的全反射，光入射到光纤端面的临界入射角 θ_c 应满足下式：

$$n_1 \sin\theta' = n_1 \sin\left(\frac{\pi}{2} - \theta_c\right) = n_1 \cos\theta_c = n_1 (1 - \sin^2\varphi_c)^{1/2} = (n_1^2 - n_2^2)^{1/2} \tag{4-5}$$

所以：

$$n_0 \sin\theta_c = (n_1^2 - n_2^2)^{1/2} \tag{4-6}$$

实际工作时需要光纤弯曲，但只要满足全反射条件，光线仍继续前进。可见这里的光线"转弯"实际上是由光的全反射所形成的。

一般光纤所处环境为空气，则 $n_0 = 1$。这样在界面上产生全反射，在光纤端面上的光线入射角为：

$$\theta \leq \theta_c = \arcsin(n_1^2 - n_2^2)^{1/2} \tag{4-7}$$

说明光纤集光能力的术语叫数值孔径 NA，即：

$$NA = \sin\theta_c = (n_1^2 - n_2^2)^{1/2} \tag{4-8}$$

数值孔径反映纤芯接收光量的多少，其意义是：无论光源发射功率有多大，只有入射光处于 $2\theta_c$ 的光锥内，光纤才能导光。如果入射角过大，如果图 4-22 中的角 θ_r，经折射后不能满足式（4-4）的要求，光线便从包层逸出而产生漏光。所以 NA 是光纤的一个重要参数。一般希望有大的数值孔径，这有利于耦合效率的提高；但数值孔径过大，又会造成光信号畸变，所以要适当选择数值孔径的数值。

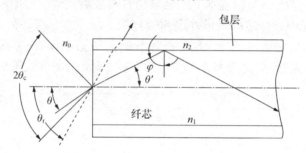

图 4-22 光纤的传光原理

4.4.3 光纤传感器

光纤传感器由于其独特的性能而受到广泛的重视，它的应用正在迅速地发展。下面介绍几种主要的光纤传感器。

1. 光纤加速度传感器

光纤加速度传感器的组成结构如图 4-23 所示。它是一种简谐振子的结构形式。激光束通过分光板后分为两束光，透射光作为参考光束，反射光作为测量光束。当传感器感受加速度时，由于质量块 M 对光纤的作用，从而使光纤被拉伸，引起光程差的改变。相位改变的激光束由单模光纤射出后与参考光束会合产生干涉效应。激光干涉仪的干涉条纹的移动可由光电接收装置转换为电信号，经过处理电路处理后便可正确地测出加速度值。

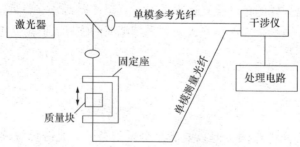

图 4-23 光纤加速度传感器结构简图

2. 光纤温度传感器

光纤温度传感器是目前仅次于加速度、压力传感器而广泛使用的光纤传感器，根据其工作原理可分为相位调制型、光强调制型和偏振光型等。这里仅介绍一种光强调制型的半导体光吸收型光纤温度传感器，如图4-24所示为这种传感器的结构原理图，它的敏感元件是一个半导体光吸收器，光纤用来传输信号。传感器是由半导体光吸收器、光纤、发射光源和包括光控制器在内的信号处理系统等组成。它体积小、灵敏度高、工作可靠，广泛应用于高压电力装置中的温度测量等特殊场合。

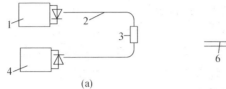
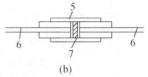

图4-24 半导体光吸收型光纤温度传感器
（a）装置简图；（b）探头
1-光源；2-光纤；3-探头；4-光探测器；5-不锈钢套；6-光纤；7-半导体吸收元件

这种传感器的基本原理是利用了多数半导体的能带随温度的升高而减小的特性。如图4-25所示，材料的吸收光波长将随温度增加而向长波方向移动，如果适当地选定一种波长在该材料工作范围内的光源，那么就可以使透射过半导体材料的光强随温度而变化，从而达到测量温度的目的。

这种光纤温度传感器结构简单，制造容易，成本低，便于推广应用，可在 $-10 \sim 300$ ℃ 的温度范围内进行测量，响应时间约为 2 s。

3. 光纤旋涡流量传感器

光纤旋涡流量传感器是将一根多模光纤垂直地装入流管，当液体或气体流经与其垂直的光纤时，光纤受到流体涡流的作用而振动，振动的频率与流速有关系，从而测出频率便可知流速。这种流量传感器结构示意图如图4-26所示。

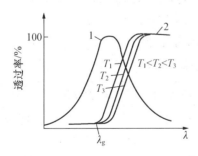
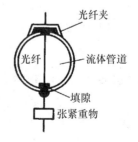

图4-25 半导体的光透过率特性
1-光源光谱分布 2-吸收边沿透射率

图4-26 光纤旋涡流量传感器

当流体流动受到一个垂直于流动方向的非流线体阻碍时，根据流体力学原理，在某些条件下，会在非流线体的下游两侧产生有规则的旋涡，其旋涡的频率 f 近似与流体的流速成正比，即：

$$f \approx \frac{sv}{d} \tag{4-9}$$

式（4-9）中，v 为流速；d 为流体中物体的横向尺寸大小；s 为斯特罗哈（Strouhal）数，它是一个无量纲的常数，仅与雷诺数有关。

式（4-9）是旋涡流体流量计测量流量的基本理论依据。由此可见，流体流速与涡流频率呈线性关系。

在多模光纤中，光以多种模式进行传输，在光纤的输出端，各模式的光就形成了干涉花样，这就是光斑。一根没有外界扰动的光纤所产生的干涉图样是稳定的，当光纤受到外界扰动时，干涉图样的明暗相间的斑纹或斑点发生移动。如果外界扰动是由流体的涡流引起的，那么干涉图样的斑纹或斑点就会随着振动的周期变化来回移动，这时测出斑纹或斑点移动，即可获得对应于振动频率 f 的信号，并根据式（4-9）推算流体的流速。

光纤旋涡流量传感器可测量液体和气体的流量，因为传感器没有活动部件，测量可靠，而且对流体流动不产生阻碍作用，所以压力损耗非常小。而这些特点是孔板、涡轮等许多传统流量计所无法比拟的。

4.5 实　　训

1. 在众多的光电传感器中，最为成熟且应用最广的是可见和近红外光传感器，如 CdS、Si、Ge、InGaAs 光传感器，已广泛应用于工业电子设备的光电子控制系统、光纤通信系统、雷达系统、仪器仪表、电影电视及摄影曝光等方面，为其提供光信号检测、自然光检测、光量检测和光位检测使用。随着光纤技术的开发，近红外光传感器（包括 Si、Ge、InGaAs 光探测器）已成为重点开发的传感器，这类传感器有 PIN 和 APD 两大结构型。PIN 具有低噪声和高速的优点，但内部无放大功能，往往需与前置放大器配合使用，从而形成 PIN + FET 光传感器系列。APD 光传感器的最大优点是具有内部放大功能，这对简化光接收机的设计十分有利。高速、高探测能力和集成化的光传感器是这类传感器的发展趋势。

由于光敏元件品种较多，且性能差异较大，其特性比较参见表 4-3。

熟悉表 4-3 所列光敏元件性能技术指标及其表示的意义。

表 4-3　光敏元件特性比较

类　别	灵敏度	暗电流	频率特性	光谱特性	线　性	稳定性	分散度	测量范围	主要用途	价　格
光敏电阻器	很高	大	差	窄	差	差	大	中	测开关量	低
光电池	低	小	中	宽	好	好	小	宽	测模拟量	高
光电二极管	较高	大	好	宽	好	好	小	中	测模拟量	高
光电三极管	高	大	差	较窄	差	好	小	窄	测开关量	中

2. 测光文具盒电路如图 4-27 所示。学生在学习时，如果不注意学习环境光线的强弱，很容易损坏视力。测光文具盒是在文具盒上加装测光电路组成的，它既有文具盒的功能，又能显示光线的强弱，可指导学生在合适的光线下学习，以保护视力。

测光文具盒电路中采用 2CR11 硅光电池作为测光传感器，它被安装在文具盒的表面，直接感受光的强弱，采用两个发光二极管作为光强弱的指示。当光照度小于 100 lx 较暗时，光电池产生的电压较低，晶体管 VT 压降较大或处于截止状态，两个发光二极管都不亮。当光照度在 100～200 lx 之间时，发光二极管 VD_2 点亮，表示光照度适中。当光照强度大于 200 lx 时，光电池产生的电压较高，晶体管 VT 压降较小，此时两个发光二极管均点亮，表示光照太强了，为了保护视力，应减弱光照。调试时可借助测光表的读数，调电路中的电位器 RP 和电阻 R 使电路满足上述要求。制作印制电路板或利用面包板装调该电路，过程如下：

（1）准备电路板和元器件，认识元器件；
（2）电路装配调试；
（3）电路各点电压调试；
（4）记录测光实验过程和结果；
（5）调电位器 RP 和电阻 R 在进行电路各点电压测量和测光实验结果分析比较。
（6）思考该电路的扩展用途。

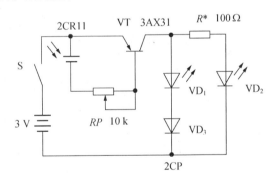

图 4-27　测光文具盒电路

4.6　习　题

1. 光电效应有哪几种？与之对应的光电元件有哪些？请简述其特点。
2. 光电传感器可分为哪几类？请分别举出几个例子加以说明。
3. 某光敏三极管在强光照时的光流为 2.5 mA，选用的继电器吸合电流为 50 mA，直流电阻为 200 Ω。现欲设计两个简单的光电开关，其中一个是有强光照时继电器吸合，另一个相反，是有强光照时继电器释放。请分别画出两个光电开关的电路图（只允许采用普通三极管放大光电流），并标出电源极性及选用的电压值。
4. 造纸工业中经常需要测量纸张的"白度"以提高产品质量，请你设计一个自动检

测纸张"白度"的测量仪,要求:

(1) 画出传感器简图;

(2) 画出测量电路简图;

(3) 简要说明其中工作原理。

5. 在物理学中,与重力加速度 g 有关的公式为 $S = V_0 t + gt^2/2$,式中 V_0 为落体初速度,t 为落体经设定距离 S 所花的时间。请根据上式,设计一台测量重力加速度 g 的教学仪器,要求同第 4 题(提示:V_0 可用落体通过一小段路程 S_0 的平均速度 V_0' 代替)。

第5章 图像传感器

5.1 图像传感器概述

人们通过感官从自然界提取各种信息,其中以人眼通过视觉提取的信息量为最多,也最为丰富多彩,最为可靠。成语"百闻不如一见"就说明了这个道理。图像传感器可以提高人眼的视觉范围,使人们看到肉眼无法看到的微观世界和宏观世界,看到人们暂时无法到达处发生的事情,看到超出肉眼视觉范围的各种物理、化学变化过程,生命、生理、病变的发生、发展过程等等。可见图像传感器在人们的文化、体育、生产、生活和科学研究中起着非常重要的作用。可以说,现代人类活动已经无法离开图像传感器。

图像传感器是在光电技术基础上发展起来的、利用光传感器的光-电转换功能,将其感光面上的光信号图像转换为与之成比例关系的电信号图像的一种功能器件。它包括电子束摄像管、像增强管与变相管等真空管图像传感器和CCD(Charge Coupled Devices)、CMOS(Complementary Metal Oxide Semiconductor)等半导体集成图像传感器和扫描型图像传感器等。其中,电子束摄像管等真空图像传感器正逐渐被CCD、CMOS等半导体集成图像传感器所取代。摄像机、数码相机、彩信手机上使用的固态图像传感器多为CCD图像传感器或CMOS图像传感器,这是两种在单晶硅衬底上布设若干光敏单元与移位寄存器、集成制造的功能化光电转换器件,其中,光敏单元也称为像素。它们的光谱响应范围是可见光及近红外光范围。

图像传感器是传感技术中最主要的一个分支,广泛应用于各种领域,它是PC机多媒体大世界今后不可缺少的外设,也是保安监控产业中最核心的器件,包括光电鼠标、支持数码照相技术的手机以及消费电子、医药和工业市场中的各种新应用。

5.2 CCD图像传感器

CCD图像传感器是美国贝尔实验室于1970年发明的,它由CCD电荷耦合器件制成,是固态图像传感器的一种。它是在MOS集成电路基础上发展起来的,能进行图像信息光电转换、存储、延时和按顺序传送,能实现视觉功能的扩展,能给出直观真实、多层次的内容丰富的可视图像信息。CCD图像传感器由许多感光单位组成,通常以百万像素为单位。当CCD表面受到光线照射时,每个感光单位会将电荷反映在组件上,所有的感光单位所产生的信号加在一起,就构成了一幅完整的画面。

CCD是应用在摄影、摄像方面的高端技术元件,CMOS则应用于较低影像品质的产品中。由于CCD器件有光照灵敏度高、集成度高、功耗小、噪声低、结构简单、寿命长、性能稳定等优点,所以在过去15年里它一直主宰着图像传感器市场。又由于CCD的体积小、造价低,所以其广泛应用于扫描仪、数码相机及数码摄像机中。目前大多数数码相机采用的图像传感器都是CCD。

5.2.1 CCD图像传感器工作原理

一个完整的CCD器件由光敏单元、转移栅、移位寄存器及一些辅助输入、输出电路组成。CCD工作时,在设定的积分时间内由光敏单元对光信号进行取样,将光的强弱转换为各光敏单元的电荷多少。取样结束后各光敏元电荷由转移栅转移到移位寄存器的相应单元中。移位寄存器在驱动时钟的作用下,将信号电荷依次转移到输出端。将输出信号接到示波器、图像显示器或其他信号存储、处理设备中,就可对信号再现或进行存储处理。由于CCD光敏单元可做得很小(约10 μm),所以它的图像分辨率很高。

1. CCD的结构和基本原理

CCD是由若干个电荷耦合单元组成,该单元的结构如图5-1所示。CCD的最小单元是在P型(或N型)硅衬底上生长一层厚度约为120 nm的SiO_2,再在SiO_2层上依次沉积铝电极而构成MOS的电容式转移器。将MOS阵列加上输入、输出端,便构成了CCD。

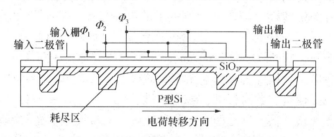

图5-1 CCD的MOS结构

当向SiO_2表面的电极加正偏压时,P型硅衬底中形成耗尽区(势阱),耗尽区的深度随正偏压升高而加大。其中的少数载流子(电子)被吸收到最高正偏压电极下的区域内(如图5-1中Φ_1极下),形成电荷包(势阱)。对于N型硅衬底的CCD器件,电极加正偏压时,少数载流子为空穴。

如何实现电荷定向转移呢?电荷转移的控制方法非常类似于步进电极的步进控制方式,也有二相、三相等控制方式之分。下面以三相控制方式为例说明控制电荷定向转移的过程,如图5-2所示。

三相控制是在线阵列的每一个像素上有3个金属电极P_1,P_2,P_3,依次在其上施加3个相位不同的控制脉冲Φ_1,Φ_2,Φ_3,如图5-2(b)所示。CCD电荷的注入通常有光注入、电注入和热注入等方式。图5-2(b)采用电注入方式。当P_1极施加高电压时,在P_1下方产生电荷包($t=t_0$);当P_2极加上同样的电压时,由于两电势下面势阱间的耦合,原来在P_1下的电荷将在P_1、P_2两电极下分布($t=t_1$);当P_1回到低电位时,电荷包全部流入P_2下的势阱中($t=t_2$)。然后,P_3的电位升高,P_2回到低电位,电荷包从P_2下转到P_3下的势阱($t=t_3$),以此控制,使P_1下的电荷转移到P_3下。随着控制脉冲的分配,少数载流子便从CCD的一端转移到最终端。终端的输出二极管搜集了少数载流子,送入放大器处理,便实现电荷移动。

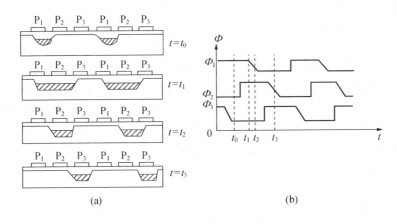

图 5-2 电荷转移过程

(a) 三相控制方式；(b) 电注入方式

2. 线型 CCD 图像传感器

线型 CCD 图像传感器由一列光敏元件与一列 CCD 并行且对应的构成一个主体，在它们之间设有一个转移控制栅，如图 5-3（a）所示。在每一个光敏元件上都有一个梳状公共电极，由一个 P 型沟阻使其在电气上隔开。当入射光照射在光敏元件阵列上，梳状电极施加高电压时，光敏元件聚集光电荷，进行光积分，光电荷与光照强度和光积分时间成正比。在光积分时间结束时，转移栅上的电压提高（平时低电压），与 CCD 对应的电极也同时处于高电压状态。然后，降低梳状电极电压，各光敏元件中所积累的光电电荷并行地转移到移位寄存器中。当转移完毕，转移栅电压降低，梳状电极电压回复原来的高电压状态，准备下一次光积分周期。同时，在电荷耦合移位寄存器上加上时钟脉冲，将存储的电荷从 CCD 中转移，由输出端输出。这个过程重复地进行就得到相继的行输出，从而读出电荷图形。

目前，实用的线型 CCD 图像传感器为双行结构，如图 5-3（b）所示。单、双数光敏元件中的信号电荷分别转移到上、下方的移位寄存器中，然后，在控制脉冲的作用下，自左向右移动，在输出端交替合并输出，这样就形成了原来光敏信号电荷的顺序。

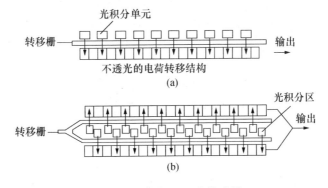

图 5-3 线型 CCD 图像传感器

3. 面型 CCD 图像传感器

面型 CCD 图像传感器由感光区、信号存储区和输出转移部分组成。目前存在 3 种典型结构形式，如图 5-4 所示。

如图 5-4（a）所示结构由行扫描电路、垂直输出寄存器、感光区和输出二极管组成。行扫描电路将光敏元件内的信息转移到水平（行）方向上，由垂直方向的寄存器将信息转移到输出二极管，输出信号由信号处理电路转换为视频图像信号。这种结构易于引起图像模糊。

如图 5-4（b）所示结构增加了具有公共水平方向电极的不透光的信息存储区。在正常垂直回扫周期内，具有公共水平方向电极的感光区所积累的电荷同样迅速下移到信息存储区。在垂直回扫结束后，感光区回复到积光状态。在水平消隐周期内，存储区的整个电荷图像向下移动，每次总是将存储区最底部一行的电荷信号移到水平读出器，该行电荷在读出移位寄存器中向右移动以视频信号输出。当整帧视频信号自存储移出后，就开始下一帧信号的形成。该 CCD 结构具有单元密度高、电极简单等优点，但增加了存储器。

如图 5-4（c）所示结构是用得最多的一种结构形式。它将图 5-4（b）中感光元件与存储元件相隔排列，即一列感光单元、一列不透光的存储单元交替排列。在感光区光敏元件积分结束时，转移控制栅打开，电荷信号进入存储区。随后，在每个水平回扫周期内，存储区中整个电荷图像一次一行地向上移到水平读出移位寄存器中。接着这一行电荷信号在读出移位寄存器中向右移位到输出器件，形成视频信号输出。这种结构的器件操作简单，但单元设计复杂，感光单元面积减小，图像清晰。

目前，面型 CCD 图像传感器使用得越来越多，所能生产的产品的单元数也越来越多，最多已达 1024×1024 像素。我国也能生产 512×320 像素的面型 CCD 图像传感器。

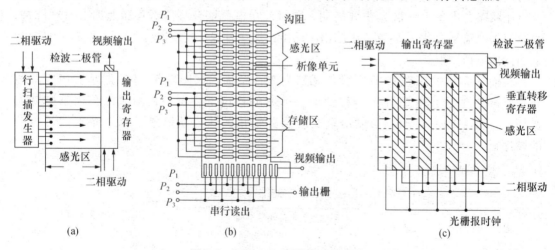

图 5-4 面型 CCD 图像传感器结构

5.2.2 CCD 图像传感器的应用

CCD 图像传感器在许多领域内获得广泛的应用。前面介绍的电荷耦合器件（CCD）具有将光像转换为电荷分布，以及电荷的存储和转移等功能，所以它是构成 CCD 固态图像传感器的主要光敏器件，取代了摄像装置中的光学扫描系统或电子束扫描系统。

CCD 图像传感器具有高分辨力和高灵敏度，具有较宽的动态范围，这些特点决定了它可以广泛应用于自动控制和自动测量，尤其适用于图像识别技术。CCD 图像传感器在检测物体的位置、工件尺寸的精确测量及工件缺陷的检测方面有独到之处。下面是一个利用 CCD 图像传感器进行工件尺寸检测的实例。

如图 5-5 所示为应用线型 CCD 图像传感器测量物体尺寸的系统。物体成像聚焦在图像传感器的光敏面上，视频处理器对输出的视频信号进行存储和数据处理，整个过程由微机控制完成。根据几何光学原理，可以推导被测物体尺寸计算公式，即：

$$D = \frac{np}{M} \tag{5-1}$$

式（5-1）中，n 为覆盖的光敏像素数；p 为像素间距；M 为倍率。

微机可对多次测量求平均值，从而精确得到被测物体的尺寸。任何能够用光学成像的零件都可以用这种方法来实现不接触的在线自动检测的目的。

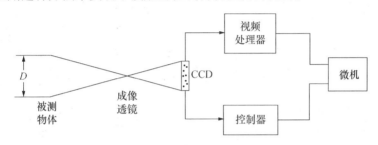

图 5-5　CCD 图像传感器工件检测系统

5.3　CMOS 图像传感器

CMOS 图像传感器是 20 世纪 70 年代在美国航空航天局（NASA）的喷气推进实验室（JPL）诞生的，同 CCD 图像传感器几乎是同时起步。过去由于 CCD 图像传感器具有光照灵敏度高、噪声低、像素尺寸小等优点，而 CMOS 图像传感器存在着像素尺寸大、信噪比小、分辨率低、灵敏度低等缺点，所以 CCD 图像传感器一直主宰着图像传感器市场。但随着标准 CMOS 大规模集成电路技术的不断发展，过去 CMOS 图像传感器制造工艺中的技术难关都找到了相应的解决途径，从而大大促进了 CMOS 图像传感器的发展。目前 CMOS 图像传感器的成像质量已比从前有了很大的提高，在某些应用领域已经可以与 CCD 图像传感器相媲美。随着技术的进一步发展，在不久的将来 CMOS 图像传感器极有可能取代 CCD 图像传感器。

与 CCD 图像传感器是 MOS 电容器组成的阵列不同，CMOS 图像传感器是按一定规律排列的互补型金属-氧化物-半导体场效应晶体管（MOSFET）组成的阵列。

5.3.1 CMOS 型光电转换器件

场效应晶体管是利用半导体表面的电场效应进行工作的,也称为表面场效应器件。由于它的栅极处于不导电（绝缘）状态,所以输入电阻很高,最高可达 10^{15} Ω。绝缘栅型场效应晶体管目前应用较多的是以二氧化硅为绝缘层的金属-氧化物-半导体场效应晶体管,简称为 MOSFET。MOSFET 有增强型和耗尽型两类,其中每一类又有 N 沟道和 P 沟道之分。增强型是指栅源电压 $u_{GS}=0$ 时,FET 内部不存在导电沟道,即使漏源间加上电压 u_{DS},也没有漏源电流产生,即 $i_D=0$。对于 N 沟道增强型,只有当 $u_{GS}>0$ 且高于开启电压时,才开始有 i_D。对于 P 沟道增强型,只有当 $u_{GS}<0$ 且低于开启电压时,才开始有 i_D。耗尽型是指当栅源电压 $u_{GS}=0$ 时,FET 内部已有导电沟道存在,若在漏源间加上电压 u_{DS}（对于 N 沟道耗尽型,$u_{DS}>0$；对于 P 沟道耗尽型,$u_{DS}<0$）,就有漏源电流产生。增强型也叫 E 型,耗尽型也叫 P 型。

NMOS 管和 PMOS 管可以组成共源、共栅、共漏 3 种组态的单级放大器,也可以组成镜像电流源电路和比例电流源电路。以 E 型 NMOS 场效应晶体管 V_1 作为共源放大管,以 E 型 PMOS 场效应管 V_2、V_3 构成的镜像电流源作为有源负载,就构成了 CMOS 型放大器,如图 5-6 所示。可见,CMOS 型放大器是由 NMOS 场效应晶体管和 PMOS 场效应晶体管组合而成的互补放大电路。由于与放大管 V_1 互补的有源负载具有很高的输出阻抗,因而其电压增益很高。

CMOS 型图像传感器就是把 CMOS 型放大器作为光电转换器件的传感器。CMOS 型光电转换器件的工作原理如图 5-7 所示,它是把与 CMOS 型放大器源极相连的 P 型半导体衬底充当光电转换器的感光部分。

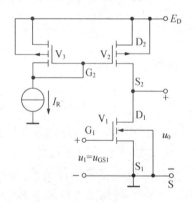
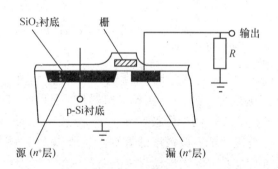

图 5-6　CMOS 型放大器　　　　图 5-7　CMOS 型光电转换器件工作原理

当 CMOS 型放大器的栅源电压 $u_{GS}=0$ 时,CMOS 型放大器处于关闭状态,即 $i_D=0$,CMOS 型放大器的 P 型衬底受光信号照射产生并积蓄光生电荷,可见,CMOS 型光电转换器件同样有存储电荷的功能。当积蓄过程结束,栅源之间加上开启电压时,源极通过漏极负载电阻对外接电容充电形成电流,即为光信号转换为电信号的输出。

5.3.2 CMOS 图像传感器

利用 CMOS 型光电转换器件可以做成 CMOS 图像传感器,但采用 CMOS 衬底直接受光信号照射产生并积蓄光生电荷的方式很少被采用，现在 CMOS 图像传感器上使用的多是光敏元件与 CMOS 型放大器分离式的结构。CMOS 线型图像传感器结构如图 5-8 所示。

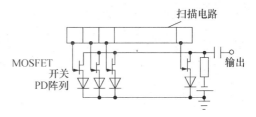

图 5-8　CMOS 线型图像传感器构成

由图 5-8 可见，CMOS 线型图像传感器由光敏二极管和 CMOS 型放大器阵列以及扫描电路集成在一块芯片上制成。一个光敏二极管和一个 CMOS 型放大器组成一个像素。光敏二极管阵列在受到光照时，便产生相应于入射光量的电荷，扫描电路实际上是移位寄存器。CMOS 型光电变换器件只有光生电荷产生和积蓄功能，而无电荷转移功能。为了从图像传感器输出图像的电信号，必须另外设置"选址"作用的扫描电路。扫描电路以时钟脉冲的时间间隔轮流给 CMOS 型放大器阵列的各个栅极加上电压，CMOS 型放大器轮流进入放大状态，将光敏二极管阵列产生的光生电荷放大输出，输出端就可以得到一串反映光敏二极管受光照情况的模拟脉冲信号。

CMOS 面型图像传感器则是由光敏二极管和 CMOS 型放大器组成的二维像素矩阵，并分别设有 X-Y 水平与垂直选址扫描电路。水平与垂直选址扫描电路发出的扫描脉冲电压由左到右、由上到下分别使各个像素的 CMOS 型放大器处于放大状态，二维像素矩阵面上各个像素的光敏二极管光生和积蓄的电荷依次放大输出。

CMOS 图像传感器的最大缺点是 MOSFET 的栅漏区之间的耦合电容会把扫描电路的时钟脉冲也耦合为漏入信号，造成图像的"脉冲噪声"。此外，由于 MOSFET 的漏区与光敏二极管相近，一旦信号光照射到漏区，也会产生光生电荷向各处扩散，形成漏电流，再生图像时会出现纵线状拖影。不过，可以通过配置一套特别的信号处理电路消除这些干扰。

5.3.3　CMOS 图像传感器的应用

CMOS 图像传感器与 CCD 图像传感器一样，可用于自动控制、自动测量、摄影摄像、图像识别等各个领域，也可以用与 CCD 图像传感器类似的方法做成 CMOS 彩色图像传感器。但是 CMOS 图像传感器是正在发展的新技术，相对于 CCD 图像传感器有许多优势，但也存在许多不足。

CMOS 针对 CCD 最主要的优势就是非常省电。CCD 的 MOS 电容器有静态电量消耗，而 CMOS 放大器电路在静态时是截止状态，几乎没有静态电量消耗，只有在电路接通时才有电量的消耗。这就使得 CMOS 的耗电量只有普通 CCD 的 1/3 左右，CMOS 图像传感器用于数码相机有助于改善人们心目中数码相机是"电老虎"的不良印象。CMOS 的主要问题在于处理快速变化的影像时，由于电流变化过于频繁而过热。此外，如果抑制不好暗电流就十分容易出现杂点。

此外，CMOS 与 CCD 在图像数据扫描方法上有很大的差别。例如，如果分辨率为 300 万像素，那么 CCD 传感器要连续扫描 300 万个电荷，并且在最后一个数据扫描完成之后才能将信号放大。而 CMOS 传感器的每个像素都有一个将电荷转化为电子信号的放大器，因此，CMOS 传感器可以在每个像素基础上进行信号放大，可节省任何无效的传输操作，所以只需少量能量消耗就可以进行快速数据扫描，同时噪声也有所降低。

目前 CMOS 传感器基本上都是应用在简易型数码相机上，如 VIVITAR 公司的 VIVI-CAM2655 使用的是一块 1/3 inCMOS 芯片，有效分辨率为 640×480 像素。Mustek 设计制造的 GSmart350 也是一款使用 CMOS 为感光元件的数码相机，最大分辨率为 640×480 像素，适用于入门者或单纯的网页设计应用。此产品非常省电，使用 3 个 1.5 V 的 AA 电池，可以持续拍摄 1000 张左右的相片。

5.4 CCD 和 CMOS 图像传感器应用实例

5.4.1 月票自动发售机

用 CCD 图像传感器可以做成月票自动发售机，其结构如图 5-9 所示。

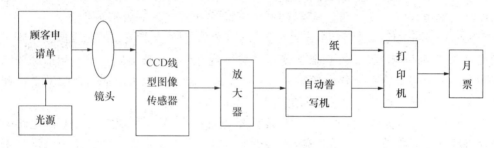

图 5-9 月票自动发售机结构组成

顾客按照固定的格式填写好申请单，送入月票自动发售机。在传送的过程中，CCD 线型图像传感器将申请单以图像的方式转换为电信号，放大后送自动誊写机，打印出月票。日本的许多地铁售票处都用这种装置发售月票，所用的 CCD 线型图像传感器是日本产的 OPA128 线型固态图像传感器。

5.4.2 数字摄像机

现在市场上数字摄像机的品种很多，它大多是用 CCD 彩色图像传感器制成的，可以是线型图像传感器，也可以是面型图像传感器，其基本结构如图 5-10 所示。

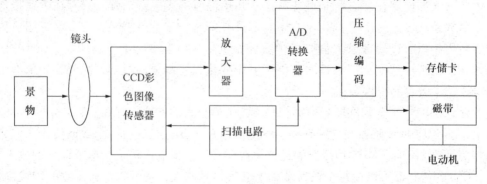

图 5-10 数字摄像机基本结构

众所周知，对变化的外界景物连续拍摄图片，只要拍摄速度超过 24 幅/s，再按同样的速度播放这些图片，则可以重现变化的外界景物，这是利用了人眼的视觉暂留原理。外界景物通过镜头照射到 CCD 彩色图像传感器上，CCD 彩色图像传感器在扫描电路的控制下，可将变化的外界景物以 25 幅/s 图像的速度转换为串行模拟脉冲信号输出。该串行模拟脉冲信经 A/D 转换器转换为数字信号。由于信号量很大，所以还要进行信号数据压缩。压缩后的信号数据可存储在存储卡上，日本松下最新推出的 P2 存储卡容量可达 4 GB，也可以存储在专用的数码录像磁带上。数字摄像机使用 2/3 in、57 万像素（摄像区域为 33 万像素）的高精度 CCD 彩色图像传感器芯片。

使用 CMOS 彩色图像传感器的数字摄像机也已经投入了市场，其明显的特征是耗电少。

5.4.3 数码相机

数码相机的结构与数字摄像机相似，只不过数码相机拍摄的是静止图像。数码相机的基本结构如图 5-11 所示。

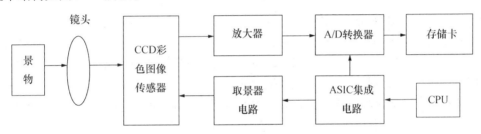

图 5-11 数码相机基本结构

变化的外界景物通过镜头照射到 CCD 彩色图像传感器上，当使用者感到图像满意时，可由取景器电路发出信号锁定，再由 CCD 彩色图像传感器转换为串行模拟脉冲信号输出。该串行模拟脉冲信号由放大器放大，再由 A/D 转换器转换为数字信号，存储在 PCMCIA 卡（个人电脑存储卡国际接口标准）上。该存储卡上的图像数据可送微型计算机显示和保存，A/D 转换器输出的数字图像信号也可由串行口直接送微型计算机显示和保存。

数码相机通常被划分为高端（400 万像素以上）、中端（330 万像素、210 万像素）与低端（百万像素以下）3 种产品。

中端数码相机使用 1/2 in、330 万像素（有效像素为 2048×1536）的 CCD 彩色图像传感器，芯片面积为 35 mm 胶片的 1/5.35。现在已有中端数码相机使用的 CMOS 彩色图像传感器推出。高端数码相机有 2/3 in、830 万像素（有效像素为 3264×2448）的 CCD 芯片，可输出 300 dpi（每英寸点数）的 10.88 in×8.16 in 幅面的相片。

5.4.4 彩信手机

彩信手机也叫拍照手机，目前大都采用 CMOS 彩色图像传感器。彩信手机的照相机功能由相机模组（摄像头）实现。相机模组组成如图 5-12 所示。

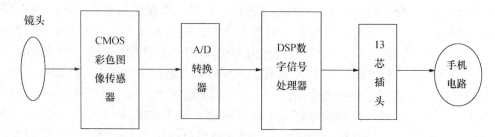

图 5-12　彩信手机相机模组组成框图

相机模组属于有彩信功能的手机的基本配置，有内置式和外置式两种。最新型的手机大多采用内置式，镜头和闪光灯安放在翻盖表面上。内置式通过 13 芯弹簧连接器与主机板连接，外置式可用三芯插头插到耳机插孔里。开启面板上的照相功能键后，就可进行拍照。

被摄景物通过镜头照射到 CMOS 彩色图像传感器上。CMOS 彩色图像传感器将图像转换为串行模拟脉冲信号，经 A/D 转换，送 DSP 数字信号处理器处理。处理后的数字图像信号，以 YUV422 的亮度和色度信号比例，送液晶屏显示。选定并拍照后，图像数据存入存储器。选择发送图像后，该图像数据输送到手机的基带信号电路，与语音信号一样，调制到射频频率上发送到对方手机。CMOS 传感器被认为是拍照手机的理想解决方案，它的优点是制造成本较 CCD 更低，功耗也低得多（手机可接受的功耗为 80~100 mW），速度快。只是 CMOS 摄像头对光源的要求要高一些，也无法达到 CCD 那样高的分辨率，但对 640×480 像素分辨率（35 万像素）的手机摄像头来说，CMOS 已足以应付。

最近，日本东京 YMedia 公司将高分辨率与低噪声技术相结合，已推出 YM-3170A 型 CMOS 传感器，该 CMOS 传感器基于 0.25 μm 技术设计规范，在 1/2 in 大小的感光面积中总共有 2 056×1 544 像素阵列（其中实际有效像素为 2 048×1 536），每个像素的大小为 3.3 μm×3.3 μm。其连拍速度最高能够达到 120 张/s。

5.4.5　计算机摄像头

现在许多计算机都配置有计算机摄像头，可用于现场摄像和网络传输。目前，计算机摄像头属于对影像品质要求不是很严格的摄像头产品，一般采用 CMOS 传感器制造。

现在市场上流行的计算机摄像头的性能如下：

（1）35 万像素 1/3 inCMOS 彩色图像传感器。

（2）即插即用 USB 接口。

（3）内置高性能硬件图像压缩。

（4）自动/手动曝光。

（5）聚焦范围：80 mm 到无限远。

（6）工作电流：<200 mA，工作温度：0~40℃。

（7）视场角：55°水平。

（8）最低照度：2.5 lx。

5.5 实 训

1. 查阅彩信手机、数码相机、数字摄像机、计算机摄像头用户手册，了解其不同的像素指标，分析其像素指标与其用途、价格、图像清晰度的关系。查阅资料，了解电视台电视节目摄制用的数字摄像机是多少像素的。

2. 用数码相机拍摄图像输入计算机，用 Photoshop 等计算机应用软件对图像进行编辑。

3. 用计算机摄像头、数码相机、USB 接口传输线、微型计算机、显示器等组成工作现场图像传输网络，如图 5-13 所示。观察计算机摄像头和数码相机摄入的图像的差别。

图 5-13 计算机摄像头

5.6 习 题

1. CCD 电荷耦合器件的 MOS 电容器阵列是如何将光照射转换为电信号度转移输出的？
2. CCD 图像传感器上使用光敏元件与移位寄存器分离式的结构有什么优点？
3. 举例说明 CCD 图像传感器的用途。
4. CMOS 图像传感器与 CCD 图像传感器有什么不同？各有什么优缺点？
5. 数码相机是如何工作的？使用低档、中档和高档数码相机拍摄相片有什么不同效果？为什么？

第6章 霍耳传感器与其他磁传感器及应用

本章要点

- 通过电磁感应把磁转化为电量；
- 霍耳传感器及其他磁传感器的原理及使用。

霍耳传感器属于磁敏元件，磁敏元件也是基于磁电转换原理，故磁敏传感器是把磁学物理量转换成电信号。随着半导体技术的发展，磁敏元件得到应用和发展，广泛应用于自动控制、信息传递、电磁场、生物医学等方面的电磁、压力、加速度、振动测量。

霍耳传感器的特点是结构简单，体积小，动态特性好，寿命长。

6.1 霍耳传感器的工作原理

6.1.1 霍耳效应

在置于磁场中的导体或半导体内通入电流，若电流与磁场垂直，则在与磁场和电流都垂直的方向上会出现一个电势差，这种现象称为霍耳效应。

如图 6-1 所示，长、宽、高分别为 L、W、H 的 N 型半导体薄片的相对两侧 a、b 通以控制电流，在薄片垂直方向加以磁场 B。在图示方向磁场的作用下，电子将受到一个由 c 侧指向 d 侧方向力的作用，这个力就是洛仑兹力，大小为：

$$F_L = qvB \tag{6-1}$$

c、d 两端面因电荷积累而建立了一个电场 E_H，称为霍耳电场。该电场对电子的作用力与洛仑兹力的方向相反，即阻止电荷的继续积累。当电场力与洛仑兹力相等时，达到动态平衡。

这时有：

$$qE_H = qvB \tag{6-2}$$

霍耳电场的强度为：

$$E_H = vB \tag{6-3}$$

在 c 与 d 两侧面间建立的电势差称为霍耳电压，即：

$$U_H = E_H W \tag{6-4}$$

或：

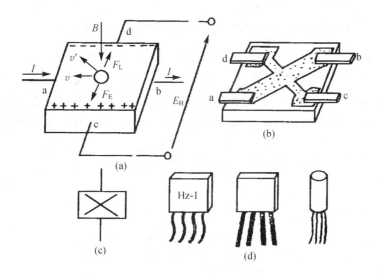

图 6-1 霍耳效应与霍耳元件
(a) 霍耳效应;(b) 霍耳元件结构;(c) 图形符号;(d) 外形

$$U_H = vBW \tag{6-5}$$

当材料中的电子浓度为 n 时,电子速度为:

$$v = \frac{I}{nqHW} \tag{6-6}$$

得:

$$U_H = \frac{IB}{nqH} \tag{6-7}$$

设:

$$R_H = \frac{1}{nq} \tag{6-8}$$

得:

$$U_H = R_H \frac{IB}{H} \tag{6-9}$$

设:

$$K_H = \frac{R_H}{H} \tag{6-10}$$

则霍耳电压为:

$$U_H = K_H IB \tag{6-11}$$

式 (6-8) 至式 (6-11) 中,R_H 为霍耳系数,它反映材料霍耳效应的强弱;K_H 为霍耳灵敏度,它表示一个霍耳元件在单位控制电流和单位磁感应强度时产生的霍耳电压的大小。

从式 (6-11) 可以看出霍耳电压具有以下特性。

(1) 霍耳电压 U_H 大小与材料的性质有关。

(2) 霍耳电压 U_H 大小与元件的尺寸有关。

(3) 霍耳电压 U_H 大小与控制电流及磁场强度有关。

6.1.2 霍耳元件的主要技术参数

利用霍耳效应制成的磁电转换元件称为霍耳元件，也称霍耳传感器。

霍耳元件由霍耳片、引线和壳体组成，如图6-2（a）所示。霍耳片是矩形半导体单晶薄片，引出4个引线。1、1′两根引线加激励电流，称为激励电极；2、2′引线为霍耳电压输出引线，称为霍耳电极。霍耳元件壳体由非导磁金属、陶瓷或环氧树脂封装而成。

在电路中霍耳元件可用两种符号表示，如图6-2（b）所示。

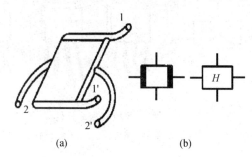

图6-2 霍耳元件
（a）外形结构示意图；（b）图形符号

霍耳元件的主要技术参数如下。
（1）输入电阻 R_{IN} 和输出电阻 R_{OUT}。
（2）额定控制电流 I_C。
（3）不等位电势 U_0，即未加磁场时的输出电压，一般小于1 mV。
（4）霍耳电压 U_H。
（5）霍耳电压的温度特性。

6.2 霍耳传感器

6.2.1 霍耳开关集成传感器

霍耳开关集成传感器是利用霍耳效应与集成电路技术制成的一种磁敏传感器，它能感知一切与磁信息有关的物理量，并以开关信号形式输出。

如图6-3所示为内部组成框图。当有磁场作用在霍耳开关集成传感器上时，霍耳元件输出霍耳电压 U_H，一次磁场强度变化，使传感器完成一次开关动作。

霍耳开关集成传感器具有使用寿命长，无触点磨损，无火花干扰，无转换抖动，工作频率高，温度特性好，能适应恶劣环境等优点。

常见的霍耳开关集成传感器型号有 UGN-3020、UGN-3030、UGN-3075。

霍耳开关集成传感器常用于点火系统、保安系统、转速测量、里程测量、机械设备限位开关、按钮开关、电流的测量和控制、位置及角度的检测等。

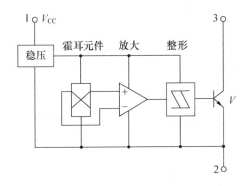

图 6-3　霍耳开关集成传感器内部框图

6.2.2　霍耳线性集成传感器

霍耳线性集成传感器的输出电压与外加磁场强度呈线性比例关系。这类传感器一般由霍耳元件和放大器组成,当外加磁场时,霍耳元件产生与磁场成线性比例变化的霍耳电压,经放大器放大后输出。

霍耳线性集成传感器有单端输出型和双端输出型两种,如图 6-4 和图 6-5 所示。典型产品分别为 SL3501T 和 SL3501M 两种。

霍耳线性集成传感器常用于位置、力、重量、厚度、速度、磁场、电流等的测量和控制。

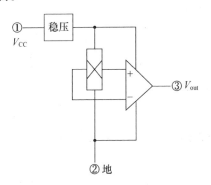 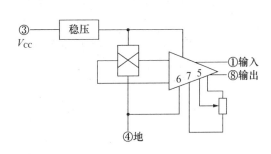

图 6-4　单端输出型传感器的电路结构　　　图 6-5　双端输出型传感器的电路结构

6.3　其他磁传感器

6.3.1　磁阻元件

当霍耳元件受到与电流方向垂直的磁场作用时,不仅会出现霍耳效应,而且还会出现半导体电阻率增大的现象,这种现象称为磁阻效应。利用磁阻效应做成的电路元件,叫做磁阻元件。

1. 基本工作原理

在没有外加磁场时，磁阻元件的电流密度矢量如图6-6（a）所示。当磁场垂直作用在磁阻元件表面上时，由于霍耳效应，使得电流密度矢量偏移电场方向某个霍耳角 θ，如图6-6（b）所示。

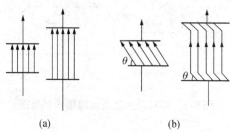

图6-6 磁阻元件工作原理示意图
(a) 无磁场时；(b) 有磁场作用时

这使电流流通的途径变长，导致元件两端金属电极间的电阻值增大。

2. 磁阻元件的基本特性

（1）B-R 特性。

磁阻元件的 B-R 特性，用无磁场时的电阻 R_0 和磁感应强度为 B 时的电阻 R_B 来表示。

（2）灵敏度 K。

磁阻元件的灵敏度 K，可由式（6-12）表示，即：

$$K = R_B/R_0 \tag{6-12}$$

一般来说，磁阻元件的灵敏度 $K \geqslant 2.7$。

（3）温度系数。

磁阻元件的温度系数约为 $-2\%/℃$，该值比较大。一般可以采用两个磁敏元件串联起来，利用分压输出，从而可以大大改善元件的温度特性。

3. 磁阻元件的应用

磁阻元件阻抗低，阻值随磁场变化率大，可以非接触式测量，频率响应好，动态范围广及噪声小，故可广泛应用于无触点开关、压力开关、旋转编码器、角度传感器、转速传感器等场合。

6.3.2 磁敏二极管

磁敏二极管可以将磁信息转换成电信号，具有体积小、灵敏度高、响应快、无触点、输出功率大及性能稳定等特点。它可广泛应用于磁场的检测、磁力探伤、转速测量、位移测量、电流测量、无触点开关、无刷直流电机等众多领域。

1. 磁敏二极管的基本结构及工作原理

如图6-7所示，它是平面 P^+-i-N^+ 型结构的二极管。

在高纯度半导体锗的两端掺高杂 P 型区和 N 型区。i 区是高纯空间电荷区，i 区的长度远远大于载流子扩散的长度。在 i 区的一个侧面上，再做一个高复合区 r，在 r 区域载流子的复合速率较大。

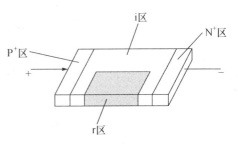

图 6-7　磁敏二极管的结构

在电路连接时，P⁺ 区接正电压，N⁺ 区接负电压。在没有外加磁场的情况下，大部分的空穴和电子分别流入 N 区和 P 区而产生电流，只有很少部分载流子在 r 区复合，如图 6-8（a）所示。

若给磁敏二极管外加一个磁场 B，在正向磁场的作用下，空穴和电子受洛仑兹力的作用偏向 r 区，如图 6-8（b）所示。由于空穴和电子在 r 区的复合速率大，此时磁敏二极管正向电流减小，电阻增大。当在磁敏二极管上加一个反向磁场 B 时，载流子在洛仑兹力的作用下，均偏离复合区 r，如图 6-8（c）所示。此时磁敏二极管正向电流增大，电阻减小。

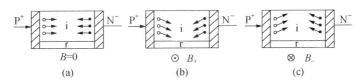

图 6-8　磁敏二极管的工作原理
（a）无磁场；（b）加正向磁场；（c）加反向磁场

2. 磁敏二极管的主要技术参数和特性

（1）灵敏度。

当外加磁感应强度 B 为 ±0.1 T 时，输出端电压增量与电流增量之比称为灵敏度。

（2）工作电压 U_0 和工作电流 I_0。

在零磁场时加在磁敏二极管两端的电压、电流值。

（3）磁电特性。

在弱磁场及一定的工作电流下，磁敏二极管的输出电压与磁感应强度的关系为线性关系；在强磁场下则呈非线性关系。

（4）伏安特性。

在负向磁场作用下，磁敏二极管电阻小，电流大；在正向磁场作用下，磁敏二极管电阻大，电流小，如图 6-9 所示。

6.3.3　磁敏三极管

磁敏三极管是一种新型的磁电转换器件，该器件的灵敏度比霍耳元件高得多，且同样具有无触点、输出功率大、响应快、成本低等优点。磁敏三极管在磁力探测、无损探伤、位移测量、转速测量等领域有广泛的应用。

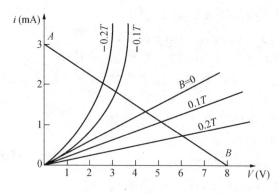

图 6-9 磁敏二极管的伏安特性

1. 磁敏三极管的基本结构及工作原理

如图 6-10 所示为磁敏三极管工作原理图。图 6-10（a）是无外磁场作用情况。由于 i 区较长，在横向电场作用下，发射极电流大部分形成基极电流，小部分形成集电极电流。图 6-10（b）是有外部正向磁场 B^+ 作用的情况，图 6-10（c）是有外部反向磁场 B^- 作用的情况，会引起集电极电流的减少或增加。

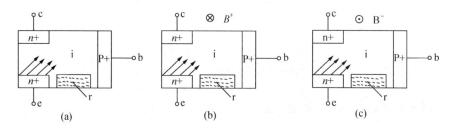

图 6-10 磁敏三极管工作原理示意图
（a）无外磁场；（b）有外部正向磁场；（c）有外部反向磁场

因此，可以用磁场方向控制集电极电流的增加或减少，用磁场的强弱控制集电极电流增加或减少的变化量。

2. 磁敏三极管的主要技术特性

（1）磁灵敏度 $h_\pm$。

磁灵敏度指当基极电流恒定、外加磁感应强度 $B=0$ 时的集电极电流 I_{C0} 与外加磁感应强度 $B=\pm 0.1\text{T}$ 时的集电极电流 $I_{C\pm}$ 的相对变化值，即：

$$h_\pm = |I_{C\pm} - I_{C0}|/I_{C0} \times 100\% / 0.1\text{T} \tag{6-13}$$

（2）磁电特性。

在基极电流恒定时，磁敏三极管的集电极电流与外加磁场的关系在弱磁场作用下，特性接近线性。

（3）温度特性。

磁敏三极管集电极电流的温度特性具有负的温度系数，因此其对温度较敏感，实际使用时应进行温度补偿。

6.4 霍耳传感器及其他磁传感器应用实例

6.4.1 霍耳汽车无触点点火器

如图 6-11 所示,以磁轮鼓代替了传统的凸轮及白金触点。

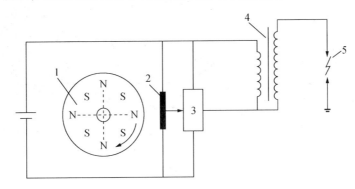

图 6-11 霍耳点火装置示意图
1-磁轮鼓;2-开关型霍耳集成电路;3-晶体管功率开关;4-点火线圈;5-火花塞

发动机主轴带动磁轮鼓转动时,霍耳元件感受的磁场极性交替改变,输出一连串与汽缸活塞运动同步的脉冲信号去触发晶体管功率开关,点火线圈两端产生很高的感应电压,使火花塞产生火花放电,完成汽缸点火过程。

6.4.2 霍耳计数装置

霍耳开关传感器 SL3501 是具有较高灵敏度的集成霍耳元件,能感受到很小的磁场变化,因而可对黑色金属零件进行计数检测。

如图 6-12 所示为对钢球进行计数的工作示意图和电路图。当钢球通过霍耳开关传感器时,传感器可输出峰值 20 mV 的脉冲电压,该电压经运算放大器 A 放大后,驱动半导体三极管 VT(2N5812)工作,VT 输出端便可接计数器进行计数,并由显示器显示检测数值。

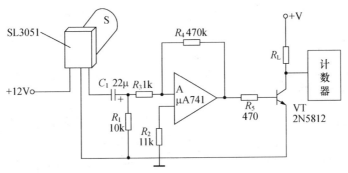

图 6-12 霍耳计数装置的工作原理及电路图

6.4.3 霍耳式转速传感器

如图6-13所示为几种不同结构的霍耳式转速传感器。磁性转盘的输入轴与被测转轴相连,当被测转轴转动时,磁性转盘随之转动,固定在磁性转盘附近的霍耳传感器便可在每一个小磁铁通过时产生一个相应的脉冲,检测出单位时间的脉冲数,便可知被测转速。磁性转盘上小磁铁数目的多少决定了传感器测量转速的分辨率。

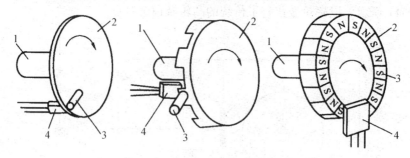

图6-13 几种不同结构的霍耳式转速传感器
1-输入轴;2-转盘;3-小磁铁;4-霍耳传感器

与磁电式转速器一样,在上述3种结构的霍耳转速传感器中,有:

$$T = \frac{60}{zn} \tag{6-14}$$

或:

$$f = \frac{zn}{60} \tag{6-15}$$

式(6-14)和式(6-15)中,T为霍耳电动势周期;f为霍耳电动势频率;z为齿轮齿数;n为转速(r/min)。

6.4.4 霍耳无刷直流电机

霍耳无刷直流电机的结构如图6-14所示。电机由永久磁铁做转子。在定子上安有12只霍耳元件,各与前方相差90°的一个定子电枢线圈相连,线圈被安放在定子槽中。各定子线圈由霍耳元件输出的霍耳电压激励,产生的定子磁场与对应的霍耳元件相差90°,即超前于转子磁场90°。永久磁铁的转子被定子磁场吸引而向前转动。

当转子转动通过霍耳元件时,永久磁铁磁通使霍耳元件输出电压极性反相,相应的电枢线圈磁场也产生极性转换,使定子磁场始终超前于转子磁场90°,吸引转子,转子则沿原方向继续向前转动。

6.4.5 自动供水装置

自动供水装置的电路原理如图6-15所示。锅炉中的水由电磁阀控制流出与关闭,电磁阀的打开与关闭则受控于控制电路。打水时,需将铁制的取水卡从投放口投入,取水卡沿非磁性物质制作的滑槽向下滑行,当滑行到磁传感部位时,传感器输出信号经控制电路驱动电磁阀打开,让水从水龙头流出。延时一定时间后,控制电路使电磁阀关闭,水流停止。

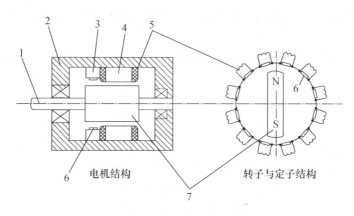

图 6-14 霍耳无刷直流电机的结构图

1-轴；2-外壳；3-电路；4-定子；5-线圈；6-霍耳元件；7-永磁转子

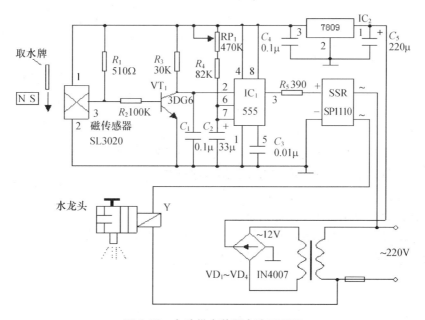

图 6-15 自动供水装置电路原理图

6.5 实 训

磁感应强度测量仪采用 SL3051M 霍耳线性集成传感器，电路如图 6-16 所示。使用时，只要使传感器的正面面对磁场，便可测得磁场的磁感应强度。

装调该磁感应强度测量仪电路，并用该磁感应强度测量仪测量电线中流过的直流电流强度，过程如下。

（1）认识 SL3051M 霍耳线性集成传感器和其他元器件。

（2）电路装配调试。

（3）将 SL3051M 霍耳线性集成传感器靠近直流通电电线，测量电线周围的磁场强度。

(4) 同时用电流表测电流值,对测量所得的磁场强度与电流值的对应关系进行定标。

(5) 实验过程和结果记录。

思考:若用该磁感应强度测量仪测交流电流应添加什么电路和设备?

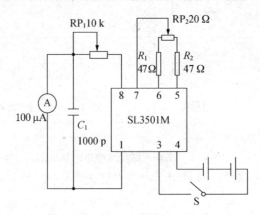

图 6-16 磁感应强度测量仪电路

6.6 习　　题

1. 什么是霍耳效应?霍耳电动势与哪些因素有关?
2. 霍耳器件由哪些材料构成?为什么用这些材料?
3. 霍耳器件有哪些指标?使用时应注意什么?
4. 什么是磁阻效应,产生的原因是什么?
5. 阐述磁敏二极管的工作原理。
6. 新型的磁传感器有哪些?工作原理如何?

第7章 位移、物位传感器

7.1 接近传感器

接近传感器是一种具有感知物体接近能力的器件。利用接近传感器对所接近的物体具有的敏感特性来识别物体的接近,并输出相应开关信号。通常又把接近传感器称为接近开关。常见的接近传感器有电容式、涡流式、霍耳效应式、光电式、热释电式、多普勒式、电磁感应式、微波式和超声波式。

7.1.1 电容式接近传感器

电容式接近传感器是一个以电极为检测端的静电电容式接近开关。由高频振荡电路、检波电路、放大电路、整形电路及输出电路组成,如图7-1所示。被测物体越靠近检测电极,检测电极上的电荷就越多,电容 C 随之增大,使振荡电路的振荡减弱,直至停止振荡。振荡电路的振荡与停振这两种状态被检测电路转换为开关信号向外输出。

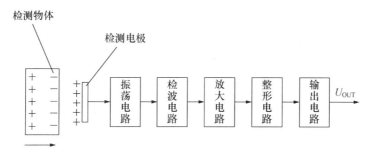

图7-1 电容式接近传感器的电路框图

7.1.2 电感式接近传感器

电感式接近传感器由高频振荡电路、检波电路、放大电路、整形电路及输出电路组成,如图7-2所示。

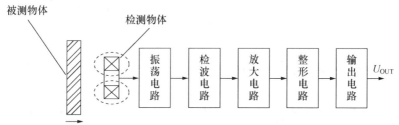

图7-2 电感式接近传感器工作原理框图

电感式接近传感器用敏感元件为检测线圈，它是振荡电路的一个组成部分。当金属物体接近检测线圈时，金属物体就会产生涡流而吸收振荡能量，使振荡减弱以至停振。

振荡与停振这两种状态经检测电路转换成开关信号输出。

7.1.3 热释电红外传感器接近电路

当一些晶体受热时，在晶体两端将会产生数量相等而符号相反的电荷，这种由于热变化产生的电极化现象，称为热释电效应。能产生热释电效应的晶体称为热释电体，又称热释电元件。热释电红外传感器是用热释电元件的热释电效应探测人体发出的红外线的一种传感器。它用于防盗、报警、来客告之及非接触开关等设备中。

如图 7-3 所示为热释电红外报警器电路，其由热释电传感器、滤波器、输出转换器、比较器、驱动器和报警电路组成。

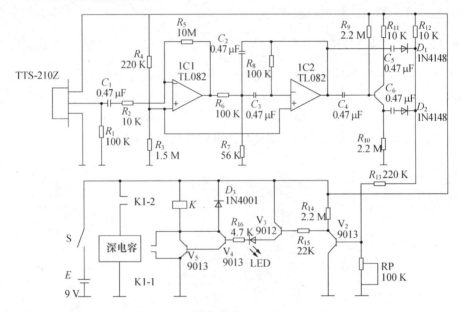

图 7-3 热释电红外报警器电路图

7.2 光栅位移传感器

7.2.1 莫尔条纹

由大量等宽等间距的平行狭缝组成的光学器件称为光栅，如图 7-4 所示。用玻璃制成的光栅称为透射光栅，它是在透明玻璃上刻出大量等宽、等间距的平行刻痕，每条刻痕处是不透光的，而两刻痕之间是透光的。光栅的刻痕密度一般为每厘米 10、25、50、100 线。刻痕之间的距离为栅距 W。

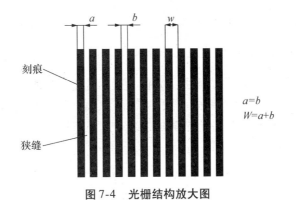

图 7-4 光栅结构放大图

如果把两块栅距 W 相等的光栅面平行安装，且让它们的刻痕之间有较小的夹角 θ 时，这时光栅上会出现若干条明暗相间的条纹，这种条纹称莫尔条纹，如图 7-5 所示。莫尔条纹是光栅非重合部分光线透过而形成的亮带，它由一系列四棱形图案组成，如图 7-5 中 d-d 线区所示。图 7-5 中 f-f 线区则是由于光栅的遮光效应形成的。

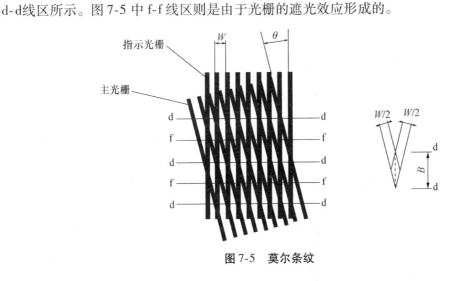

图 7-5 莫尔条纹

莫尔条纹有两个重要的特性。

（1）当指示光栅不动，主光栅左右平移时，莫尔条纹将沿着指示栅线的方向上下移动。查看莫尔条纹的上下移动方向，即可确定主光栅左右移动方向。

（2）莫尔条纹有位移的放大作用。当主光栅沿与刻线垂直方向移动一个栅距 W 时，莫尔条纹移动一个条纹间距 B。

当两个等距光栅的栅间夹角 θ 较小时，主光栅每移动一个栅距 W，莫尔条纹移动 KW 距离，称 K 为莫尔条纹的放大系数：

$$K = B/W \approx 1/\theta \tag{7-1}$$

条纹间距与栅距的关系为：

$$B = W/\theta \tag{7-2}$$

当 θ 角较小时，例如 $\theta = 30'$，则 $K = 115$，表明莫尔条纹的放大倍数相当大。

这样，可把肉眼看不见的光栅位移变成为清晰可见的莫尔条纹移动，用测量条纹的移动来检测光栅的位移可以实现高灵敏的位移测量。

7.2.2 光栅位移传感器的结构及工作原理

如图 7-6 所示,光栅位移传感器由主光栅、指示光栅、光源和光电器件等组成。主光栅和被测物体相连,它随被测物体的直线位移而产生移动。当主光栅产生位移时,莫尔条纹便随着产生位移。用光电器件记录莫尔条纹通过某点的数目,便可知主光栅移动的距离,也就测得了被测物体的位移量。

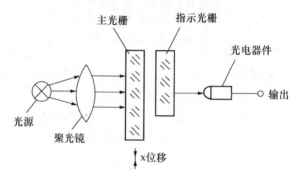

图 7-6 光栅位移传感器的结构原理图

7.2.3 光栅位移传感器的应用

光栅位移传感器测量精度高（分辨率为 0.1 μm）,动态测量范围广（0～1 000 mm）,可进行无接触测量,容易实现系统的自动化和数字化,故其在机械工业中得到了广泛的应用,尤其是在量具、数控机床的闭环反馈控制、工作母机的坐标测量等方面。

7.3 磁栅位移传感器

磁栅是一种有磁化信息的标尺,它是在非磁性体的平整表面上镀一层约 0.02 mm 厚的 Ni-Co-P 磁性薄膜,并用录音磁头沿长度方向按一定的激光波长 λ 录上磁性刻度线而构成的。因此又把磁栅称为磁尺。磁栅录制后的磁化结构相当于一个个小磁铁按 NS、SN、NS……的状态排列起来,如图 7-7 所示。

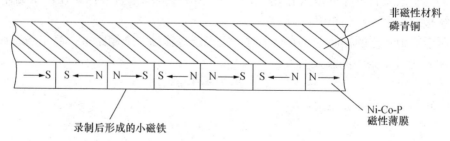

图 7-7 磁栅的基本结构

磁栅的种类可分为单型直线磁栅、同轴型直线磁栅和旋转型磁栅等。

磁栅主要用于大型机床和精密机床作为位置或位移量的检测元件。磁栅和其他类型的位移传感器相比，具有结构简单、使用方便、动态范围大（1～20 m）和磁信号可以重新录制等优点。其缺点是需要屏蔽和防尘。

磁栅位移传感器的结构如图 7-8 所示。它主要由磁尺（磁栅）、磁头和检测电路等组成。

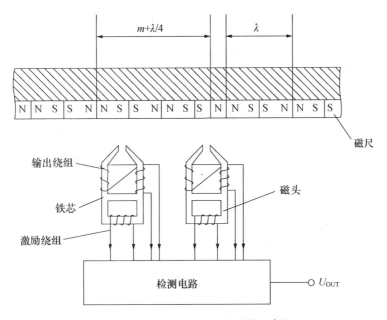

图 7-8　磁栅位移传感器的结构示意图

当磁尺与磁头之间产生相对位移时，磁头的铁芯使磁尺的磁通有效地通过输出绕组，在绕组中产生感应电压。该电压随磁尺磁场强度周期的变化而变化，从而将位移量转换成电信号输出。

如图 7-9 所示为磁信号与静态磁头输出信号波形图。磁头输出信号经检测电路转换成电脉冲信号并以数字形式显示出来。

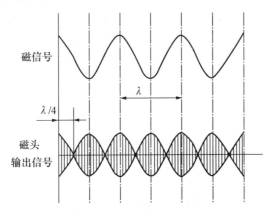

图 7-9　磁信号与磁头输出信号波形图

7.4 转速传感器

7.4.1 磁电式转速传感器

如图 7-10 所示，磁电式转速传感器由永久磁铁、感应线圈、磁盘等组成。在磁盘上加工有齿形凸起，磁盘装在被测转轴上，与转轴一起旋转。当转轴旋转时，磁盘的凸凹齿形将引起磁盘与永久磁铁间气隙大小的变化，从而使永久磁铁组成的磁路中磁通量随之发生变化。感应线圈会感应出一定幅度的脉冲电势，其频率为：

$$f = Z \cdot n \tag{7-3}$$

根据测定的脉冲频率，即可得知被测物体的转速。如果磁电式转速传感器配接上数字电路，便可组成数字式转速测量仪，可直接读出被测物体的转速。

当被测转速很低时，输出脉冲电势的幅值很小，以致无法测量出来。所以，这种传感器不适合测量过低的转速，其测量转速下限一般为 50 转/秒左右，上限可达数百千转/秒。

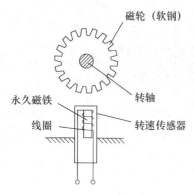

图 7-10 磁电式转速传感器结构示意图

7.4.2 光电式转速传感器

如图 7-11 所示，直射式光电转速传感器由装在输入轴上的开孔盘、光源、光敏元件以及缝隙板所组成，输入轴与被测轴相连接旋转。

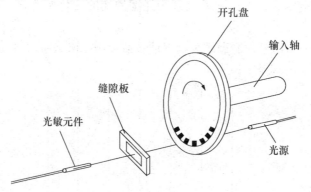

图 7-11 直射式光电转速传感器原理

从光源发射的光，通过开孔盘和缝隙板照射到光敏元件上，使光敏元件感光，产生脉冲信号，送至测量电路计数，从而测得转速。

为了使每转的脉冲数增加，以扩大应用范围，需增加圆盘的开孔数目。光电转速传感器目前多采用图 7-12 所示的开缝隙盘结构。

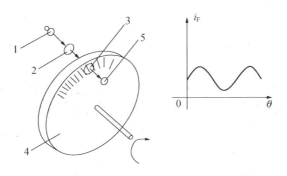

图 7-12 光电转速传感器结构

1-光源;2-透镜;3-指示盘;4-旋转盘;5-光电元件

光电脉冲变换电路如图 7-13 所示。

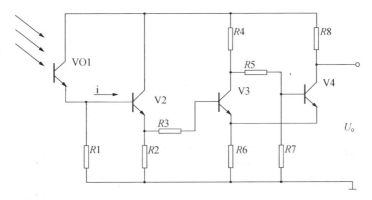

图 7-13 光电脉冲变换电路原理图

7.5 液位传感器

液位传感器按测定原理可分为浮子式液位传感器、平衡浮筒式液位传感器、压差式液位传感器、电容式液位传感器、导电式液位传感器、超声波式液位传感器和放射线式液位传感器等。此处仅对导电式液位传感器和压差式液位传感器作重点介绍。

7.5.1 导电式液位传感器

导电式液位传感器的基本工作原理如图 7-14 所示。电极可根据检测液位的要求进行升降调节,当液位低于检知电极时,两电极间呈绝缘状态,检测电路没有电流流过,传感器输出电压为零。

如果液位上升到与检知电极端都接触时,由于液体有一定的导电性,因此测量电路中有电流流过,指示电路中的显示仪表就会发生偏转,同时在限流电阻两端有电压输出。

如果把输出电压和控制电路连接起来,便可对供液系统进行自动控制。如图 7-15 所示即为一种实用的导电式液位检测器的电路原理图。

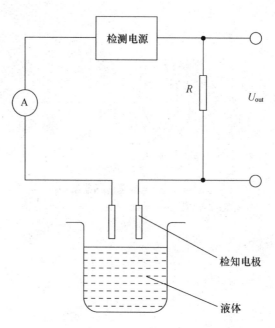

图 7-14　导电式液位传感器基本工作原理图

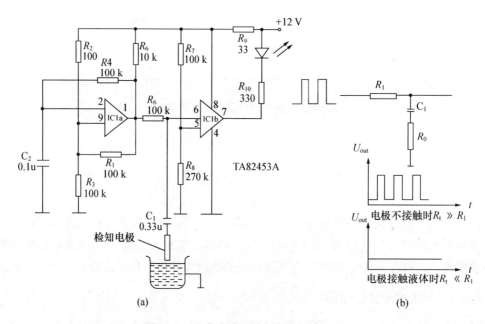

图 7-15　导电式液位检测器电路原理图
（a）电路原理图；（b）等效电路及输出波形

图 7-15 所示电路主要由两个运算放大器组成。IC1a 运算放大器及外围元件组成方波发生器，通过电容器 C_1 与检知电极相接；IC1b 运算放大器与外围元件组成比较器，以识别仪表液位的电信号状态。该电路采用发光二极管作为液位的指示。导电式液位传感器在日常工作和生活中应用很广泛，它在抽水及储水设备、工业水箱、汽车水箱等方面均被采用。

7.5.2 压差式液位传感器

压差式液位传感器是根据液面的高度与液压成比例的原理制成的。

如果液体的密度恒定,则液体加在测量基准面上的压力与液面到基准面的高度成正比,因此通过压力的测定便可得知液面的高度。

如图 7-16 所示,当储液缸为开放型时,其基准面上的压力由式(7-4)确定:

$$P = \rho \cdot h = \rho \cdot (h_1 + h_2) \tag{7-4}$$

需要测定的是 h_1 高度,因此移动压力传感器的零点,把零点提高 $\rho \cdot h_2$,就可以得到压力与液面高度 h_1 成比例的输出。

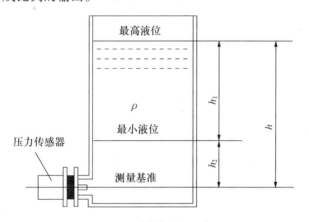

图 7-16 开放罐测压示意图

如图 7-17 所示,当储液缸为密封型时,压差、液位高度及零点的移动关系如下:

$$\begin{aligned}\Delta P &= P_1 - P_2 = \rho \cdot (h_1 + h_2) - \rho_0 \cdot (h_3 + h_2) \\ &= \rho \cdot h_1 - (\rho_0 \cdot h_3 + \rho_0 \cdot h_2 - \rho \cdot h_2)\end{aligned} \tag{7-5}$$

同样,只要移动压差式传感器的零点,就可以得到压差与液面 h_1 成比例的输出。

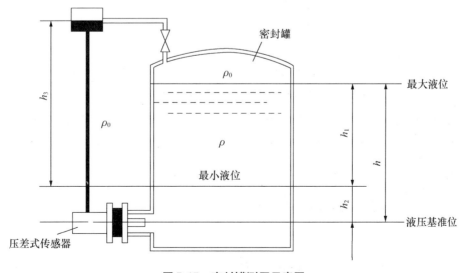

图 7-17 密封罐测压示意图

如图 7-18 所示为压差式液位传感器的结构原理图。压差式液位传感器由压差传感器和电路两部分组成，它实际上是一个差动电容式压力传感器，其结构包括动电极感压膜片、固定电极、隔液膜片等。

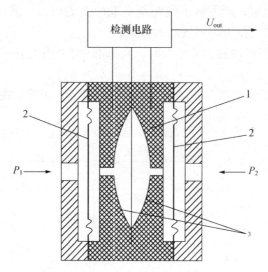

图 7-18　压差式液位传感器结构原理图
1-感压膜片（动电极）；2-隔液膜片；3-固定电极

当被测的压力差加在高压侧和低压侧的输入口时，该压力差经隔液膜片的传递作用于感压膜片上，感压膜片便产生位移，从而使动电极与固定电极之间的电容量发生变化。

7.6　流量及流速传感器

流量及流速传感器的种类有电磁式流量传感器、涡流式流量传感器、超声波式流量传感器、热导式流速传感器、激光式流速传感器、光纤式流速传感器、浮子式流量传感器、涡轮式流量传感器、空间滤波器式流量传感器等。

1. 电磁式流量传感器的工作原理及使用

如图 7-19 所示，在励磁线圈加上励磁电压后，绝缘导管便处于磁力线密度为 B 的均匀磁场中，当导电性液体流经绝缘导管时，电极上便会产生电动势，其值大小为：

$$e = B\bar{v}D \quad (\text{V}) \tag{7-6}$$

管道内液体流动的容积流量与电动势的关系为：

$$Q = \frac{\pi D^2}{4}\bar{v} = \frac{\pi D}{4B} \cdot e \quad (\text{m}^3/\text{s}) \tag{7-7}$$

可以通过对电动势的测定，求出容积流量。

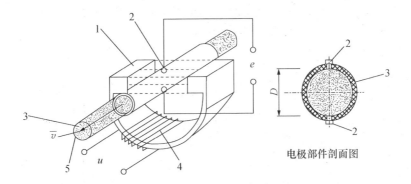

图 7-19 电磁式流量传感器工作原理图

1-铁芯；2-电极；3-绝缘导管；4-励磁线圈；5-液体

2. 电磁式流速传感器电路

如图 7-20 所示，励磁电压信号为方波信号，由方波信号发生器发出的方波一路经励磁放大器功率放大，然后送入传感器的励磁线圈进行励磁；另一路将其作为采样脉冲。流动液体所产生的信号经输入放大器进行阻抗变换，然后由主放大器进行放大。由于流速产生的信号很微弱，因此要求主放大器要有高放大倍数、高噪声抑制和抗干扰能力。

放大后的信号经采样、倒相、鉴相，鉴相后的信号经滤波器滤波后输送给直流放大器放大，然后由直流放大器输出，则为检测到的流速信号 U_{OUT}。

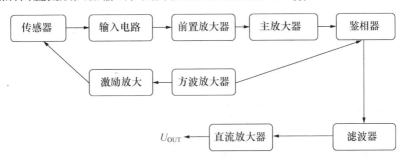

图 7-20 电磁式流速传感器的电路框图

7.7 实 训

太阳能热水器水位报警器电路如图 7-21 所示。

装调该太阳能热水器水位报警器电路，进行水位报警实验，过程如下。

（1）准备电路板、晶体管、电极、报警器等元器件，认识元器件。

（2）装配水位报警器电路。

（3）将 3 个探知电极安置于水箱的不同水位高度，接通水位报警器电路，给水箱中慢慢加水。

(4) 在正常水位、缺水水位、超高水位对电路的报警效果进行电路调整。

(5) 进行正常水位、缺水水位、超高水位时电路的报警实验。

(6) 实验过程和结果记录。

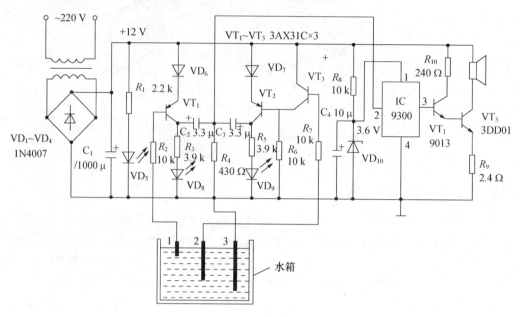

图 7-21　太阳能热水器水位报警器

7.8　习　题

1. 用作位移测量的电位器传感器的主要作用有哪些？
2. 作图分析光栅位移传感器莫尔纹放大作用原理，并讨论数量关系。
3. 简单分析磁电式转速传感器工作原理。
4. 光电式转速器可以在哪些工程和设备中获得使用？
5. 什么是多普勒效应？举例说明其原理和用途。
6. 试设计一个多电极多水位控制系统。
7. 电磁式流量计有哪些优点？使用时要注意哪些事项？
8. 什么是热释电效应？它有哪些应用？请设计一个在位移测量方面的应用电路。
9. 分析压差式液位传感器工作原理，试设计一个其他形式的液位传感器。

第 8 章 新型传感器

8.1 生物传感器

8.1.1 生物传感器概述

1. 生物传感器及其分类

生物传感器是利用各种生物或生物物质做成的、用以检测与识别生物体内的化学成分的传感器。生物或生物物质是指酶、微生物、抗体等，它们的高分子具有特殊的性能，能精确地识别特定的原子和分子。例如，酶是蛋白质形成的，并作为生物体的催化剂，再生物体的催化剂，在生物体内仅能对特定的反应进行催化，这就是酶的特殊性能。对免疫反应，抗体仅能识别抗原，并具有与它形成复合体的特殊性能。生物传感器就是利用这种特殊性能来检测特定的化学物质（主要是生物物质）。

生物传感器一般是在基础传感器上再耦合一个生物敏感膜，也就是说生物传感器是半导体技术与生物工程技术的结合，是一种新型的器件。生物敏感物质附着于膜上或包含于膜之中，溶液中被测定的物质经扩散作用进入生物敏感膜层，经分子识别，发生生物学反应，其所产生的信息可通过相应的化学或物理换能器转变成可定量和可显示的电信号，由此可知道被测物质的浓度。通过不同的感应器与换能器的组合可以开发出多种生物传感器。

1967 年 S. J. 乌普迪克等制作了第一个生物传感器——葡萄糖传感器。将葡萄糖氧化酶包含在聚丙烯酰胺胶体中加以固化，再将此胶体膜固定在隔膜氧电极的尖端上，便制成了葡萄糖传感器。当改用其他的酶或微生物等固化膜时，便可制得检测其对应物的其他传感器。固定胶体膜的方法有直接化学结合法、高分子载体法和高分子膜结合法。最初是用固定化酶膜和电化学器材件组成酶电极，常把这种酶电极生物传感器称为第一代产品。其后开发的微生物、细胞器、免疫（抗体、抗原）、动植物组织及酶免疫（酶标抗原）等生物传感器称为第二代产品。目前又进一步按电子学方法论进行生物电子学的种种尝试，这种新进展称为第三代产品。

由于酶膜、线粒体电子传递系统粒子膜、微生物膜、抗原膜、抗体膜对生物物质的分子结构具有选择性识别功能，只对特定反应起催化活化作用，因此生物传感器具有非常高的选择性，但其缺点是生物固化膜不稳定。生物传感器涉及的是生物物质，主要用于临床诊断检查、治疗时实施监控、发酵工业、食品工业、环境和机器人等方面。

生物传感器是用生物活性材料（酶、蛋白质、DNA、抗体、抗原、生物膜等）与物理化学换能器有机结合的一门交叉学科，是发展生物技术必不可少的一种先进的检测方法与监控方法,也是物质分子水平的快速、微量分析方法。在未来 21 世纪知识经济发展中,生物传感器技术必将是介于信息和生物技术之间的新增长点,在国民经济中的临床诊断、工业控制、食品和药物分析(包括生物药物研究开发)、环境保护以及生物技术、生物芯片等研究中有着广泛的应用前景。

2. 分子识别功能及信号转换

表 8-1 列出了几种具有分子识别能力的主要生物物质。

表 8-1　几种具有分子识别功能的生物物质

生物物质	被识别的物质
酶	底物,底物类似物,抑制酶,辅酶
抗体	抗原,抗原类似物
结合蛋白质	维生素 H,维生素 A 等
植物凝血素	多糖链,具有多糖的分子或细胞
激素受体	激素

生物传感器的信号转换方式主要有以下几种。

(1) 化学变化转换为电信号方式。

用酶来识别分子,先催化这种分子,使之发生特异反应,产生特定物质的增减,将这种反应后产生的物质的增与减转化为电信号。能完成这个使命的器件有克拉克型氧电极、H_2O_2 电极、H 电极、H^+ 电极、NH_4^+ 电极、CO_2 电极及离子选择性 FET 电极等。

(2) 热变化转换为电信号方式。

固定在膜上的生物物质在进行分子识别时伴随有热变化,这种热变化可以转化为电信号进行识别,能完成这种使命的便是热敏电阻器。

(3) 光变化转换为电信号方式。

萤火虫的光是在常温常压下,由酶催化产生的化学发光。最近发现有很多种可以催化产生化学发光的酶,可以在分子识别时导致发光,再转化为电信号。

(4) 直接诱导电信号方式。

分子识别处的变化如果是电的变化,则不需要电信号转化器件,但是必须有导出信号的电极。例如,在金属或半导体的表面固定抗体分子,成为固定化抗体,此固定化抗体和溶液中的抗原发生反应时,则形成抗原体复合体,用适当的参比电极测量它和这种金属或半导体间的电位差,则可发现反应前后的电位差是不同的。

3. 生物物质的固定化技术

生物传感器的关键技术之一是如何使生物敏感物质附着于膜上或包含于膜之中,在技术上称为固定化。固定化大致上分为化学法或物理法。

(1) 化学固定法。

化学固定法是在感受体与载体之间或感受体相互之间至少形成一个共价键,能将感受体的活性高度稳定地固定。一般这种架桥固定法是使用具有很多共价键原子团的试剂(如戊二醛),在感受体之间形成"架桥"膜。在这种情况下除了感受体外,还加上蛋白质和醋酸纤维素等作为增强材料,以形成相互间的架桥膜。这种方法虽然简单,但必须严格控制其反应条件。

(2) 物理固定法。

物理固定法是感受体与载体之间或感受体相互之间根据物理作用（即吸附或包裹）进行固定。吸附法是在离子交换酯膜、聚氯乙烯膜等表面上以物理吸附感受体的方法，此法能在不损害敏感物质活性的情况下固定，但固定程度易减弱，一般常采用赛璐玢膜进行保护。包裹法是将感受体包裹于聚丙烯酰胺等高分子三维网络的结构之中进行固定。

8.1.2 生物传感器的工作原理及结构

1. 酶传感器

酶传感器的基本原理是用电化学装置检测酶在催化反应中生成或消耗的物质（电极活性物质），将其变换成电信号输出。这种信号变换通常有两种，即电位法与电流法。

电位法是通过不同离子生成于不同感受体上，从测得的膜电位去计算与酶反应有关的各种离子浓度。一般采用 NH_4^+ 电极（NH_3）电极、H^+ 电极、CO_2 电极等。

电流法是从与酶反应有关的物质的电极反应，得到电流值来计算被测物质的方法。其化学装置采用的电极是 O_2 电极、燃料电池型电极和 H_2O_2 电极等。

如前所述，酶传感器是由固定化酶和基础电极组成的。酶电极设计主要考虑酶催化反应过程产生或消耗的电极活性物质，如果一个酶催化反应是耗氧过程，就可以使用 O_2 电极或 H_2O_2 电极；若酶反应过程中产生酸，则可使用 pH 电极。

固定化酶传感器是由 Pt 阳极和 Ag 阴极组成的极谱记录式 H_2O_2 电极与固定化酶膜构成的。它是通过电化学装置测定由酶反应生成或消耗的离子，通过电化学方法测定电极活性物质的数量，从而测定被测成分的浓度。例如用尿酸酶传感器测量尿酸，尿酸是核酸中嘌呤分解代谢的终产物，正常值为 $20\sim70$ mg/L，可用尿酸测定酶氧电极测其 O_2 消耗量；也可采用电位法在 CO_2 电极上用强乙基纤维素固定尿酸酶测定其生成物 CO_2，然后再换算出尿酸含量的多少。

2. 葡萄糖传感器

葡萄糖是典型的单糖类，是一切生物的能源。人体血液中都含有一定浓度的葡萄糖。正常人体空腹血糖为 $800\sim1\,200$ mg/L，对糖尿病患者来说，如血液中葡萄糖浓度升高约 0.17% 时，尿中就出现葡萄糖。而测定血液和尿中葡萄糖浓度对糖尿病患者做临床检查是很必要的。现已研究出对葡萄糖氧化反应起一种特异催化作用的酶——葡萄糖氧化酶（GOD），并研究出用它来测定葡萄糖浓度的葡萄糖传感器，如图 8-1 所示。

葡萄糖在 GOD 参加下被氧化，在反应过程中所消耗的氧随葡萄糖量的变化而变化。在反应过程中有一定量水参加时，其产物是葡萄糖酸和 H_2O_2，因为在电化学测试中反应电流与生成的 H_2O_2 浓度成正比例，故可换算成葡萄糖浓度。通常，对葡萄糖浓度的测试方法有两种。一是测量氧的消耗量，即将葡萄糖氧化酶固定化膜与氧气电极组合。葡萄糖在酶电极参加下，反应生成氧气，由隔离型氧气电极测定。这种氧气电极是将 Pb 阳极与 Pt 阴极浸入浓碱溶液中构成电池。阴极表面用氧穿透膜覆盖，溶液中的氧穿过膜到达

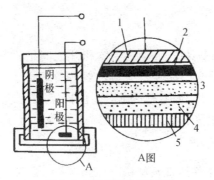

图 8-1 葡萄糖酶传感器

1-Pt 阳极；2-聚四氟乙烯膜；3-固相酶膜；4-半透膜多孔层；5-半透膜致密层

Pt 电极上，此时又被还原的阴极电流流过，其电流值与含氧浓度成正比例。二是测量 H_2O_2 生成量的葡萄糖传感器。这种传感器是由测量 H_2O_2 电极与 GOD 固定化膜相结合而组成。葡萄糖和缓冲液中的氧气与固定化葡萄糖酶进行反应。反应槽内装满 pH 为 7.0 的磷酸缓冲液，以 Pt-Ag 构成的固体电极用固定化 GOD 膜密封，在 Ag 阴极和 Pt 阳极间加上 0.64 V 的电压，缓冲液中有空气中的氧气。在这种条件下，一旦在反应槽内注入血液，血液中的高分子物质（如抗坏血酸、胆红素、血红素及血细胞类）将被固定化膜除去，仅仅是血液中的葡萄糖和缓冲液中的氧气与固定化葡萄糖氧化酶进行反应，在反应槽内生成 H_2O_2，并不断扩散到电极表面，在阳极生成氧气和反应电流，在阴极 O_2 被还原成 H_2O_2。因此，在电极表面发生的全部反应是 H_2O_2 分解，生成 H_2O 和 O_2。这时有反应电流流过。因为反应电流与生成的 H_2O_2 浓度成正比例，故可在实际测量中可换算成葡萄糖浓度。

葡萄糖传感器已进入实用阶段，葡萄糖氧化酶的固定方法是共价键法，用电化学方法测量。其测定浓度范围在 100～500 mg/L，响应时间在 20 s 以内，稳定性可达到 100 天。

在葡萄糖传感器的基础上又发展了蔗糖传感器和麦芽糖传感器。

蔗糖传感器是把蔗糖酶和 GOD 两种酶固定在清蛋白-戊二醛膜上。蔗糖在蔗糖酶的作用下生成 α-D-葡萄糖和果糖，再经变旋酶和 GOD 的作用消耗氧和生成 H_2O_2。

麦芽糖在葡萄糖淀粉酶或麦芽糖酶的作用下生成 β-D-葡萄糖，所以可用 GOD 和这些酶的复合膜构成麦芽糖传感器。

3. 微生物传感器

微生物传感器与酶传感器相比，具有价格便宜、使用时间长、稳定性较好等优点。

当前，酶主要从微生物中提取精制而成，虽然它具有良好的催化作用，但它的缺点是不稳定，在提取阶段容易丧失活性，精制成本高。酶传感器和微生物传感器都是利用酶的基质选择性和催化性功能，但酶传感器是利用单一的酶，而微生物传感器是利用多种酶有关的高度机能的综合，即复合酶。也就是说，微生物的种类是非常多的，菌体中的复合酶、能量再生系统、辅助酶再生系统、微生物的呼吸及新陈代谢为代表的全部生理机能都可以加以利用。因此，用微生物代替酶，有可能获得具有复杂及高功能的生物传感器。

生物电极是以固定化生物体组成作为分子识别元件的敏感材料,与氧电极、膜电极和燃料电极等构成生物传感器,在发酵工业、环境监测、食品监测、临床医学等方面得到广泛的应用。生物传感器专一性好、易操作、设备简单、测量快速准确、适用范围广。随着固定化技术的发展,生物传感器在市场上具有极强的竞争力。

由于微生物有好氧性与厌氧性之分,所以传感器也根据这一物性而有所区别。好氧性微生物传感器是因为好氧性微生物生活在含氧条件下,在微生物成长过程中离不开氧气,可根据呼吸活性控制氧气含量得知其生理状态。把好氧型微生物放在纤维性蛋白质中固化处理,然后把固定化膜附着在封闭式氧气极的透氧膜上,做成好氧型微生物传感器。把它放在含有有机物的被测试液中,有机物向固化膜内扩散而被微生物摄取。微生物在摄取有机物时呼吸旺盛,氧消耗量增加。余下部分氧穿过透氧膜到达氧气极转变为扩散电流。当有机物的固定化膜内扩散的氧量和微生物摄取有机物消耗的氧量达到平衡时,到达氧气极的氧量稳定下来,得到相应的状态电流值。该稳态电流值与有机物浓度有关,可对有机物进行定量测试。

对于厌氧性微生物,由于氧气的存在妨碍微生物的生长,可由其生长的 CO_2 或代谢产物得知其生理状态。因此,可利用 CO_2 电极或离子选择电极测定代谢产物。

4. 免疫传感器

从生理学知,抗原是能够刺激动物机体产生免疫反应的物质;但从广义的生物学观点看,凡是能够引起免疫反应性能的物质,都可称为抗原。抗原有两种性能:刺激机体产生免疫应答反应;与响应面一个反应产物发生特异性结合反应。抗原一旦被淋巴球响应就形成抗体。而微生物病毒等也是抗原。抗体是由抗原刺激机体产生的具有特异免疫功能的球蛋白,又称免疫球蛋白。

免疫传感器是利用抗体对抗原结合功能研制成功的,如图 8-2 所示。

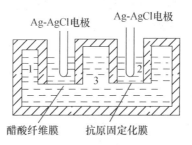

图 8-2 免疫传感器机构原理

抗原与抗体一经固定于膜上,就形成具有识别免疫反应强烈的分子功能性膜。图 8-2 中的 2、3 两室间有固定化抗原膜,1、3 两室间没有固定化抗原膜。在 1、2 室注入 0.9% 的生理盐水,当 3 室内导入食盐水时,1、2 室内电极间无电位差。若 3 室注入含有抗体的盐水时,由于抗体和固定化抗原膜上的抗原相结合,使膜表面吸附了特异的抗体,而抗体是有电荷的蛋白质,从而使固定化抗原膜带电状态发生变化,于是 1、2 室内的电极间就有电位差产生。电位差信号放大即可检测超微量的抗体。

5. 半导体生物传感器

半导体生物传感器是由半导体传感器与生物分子功能膜、识别器件所组成。

通常用的半导体器件是酶光电二极管和酶场效应管（FET），如图 8-3 和图 8-4 所示。因此，半导体生物传感器又称生物场效应晶体管（BiFET）。

半导体生物传感器最初是将酶和抗体物质（抗原或抗体）加以固定制成功能膜，并把它紧贴于 FET 的栅极绝缘膜上，构成 BiFET。现已研制出酶 FET、尿素 FET、抗体 FET 及青霉素 FET 等。

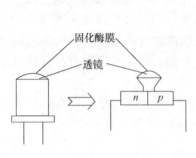

图 8-3　酶光电二极管

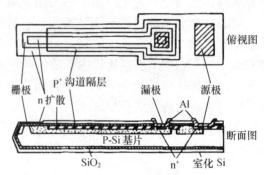

图 8-4　酶场效应管

6. 多功能生物传感器

在前面所介绍的生物传感器是为有选择地测量某一化学物质而制作的元件，但是使用这种传感器均不能同时测量多种化学物质的混合物。但是，像产生味道这样复杂微量成分的混合物，人的味觉细胞就能分辨出来。因此要求传感器能像细胞检测味道一样能分辨任何形式的多种成分的物质，同时测量多种化学物质，具有这样功能的生物传感器称为多功能生物传感器。

目前，生物传感器的开发与应用已进入一个新的阶段，并越来越引起人们的重视。生物传感器的多功能化、集成化是很重要的发展方向。

8.2　微波传感器

8.2.1　微波传感器概述

1. 微波的性质与特点

微波是波长为 0.001～1 m 的电磁波，具有以下特点。

（1）可定向辐射，空间直线传输。

（2）遇到各种障碍物易于反射。

（3）绕射能力差。

（4）传输特性好。

(5) 介质对微波的吸收与介质的介电常数成比例,水对微波的吸收作用最强。

2. 微波振荡器与微波天线

微波振荡器是产生微波的装置。微波波长很短,频率很高($3 \times 10^8 \sim 3 \times 10^{11}$ Hz),故要求振荡电路中具有非常微小的电感和电容,因此不能用普通的电子管与晶体管构成微波振荡器。构成微波振荡器的器件有速调管、磁控管或某些固态器件。小型微波振荡器也可以采用体效应管。

由微波振荡器产生的振荡信号需要用波导管(波长为 10 cm 以上可用同轴电缆)传输,并通过电线发射出去。为了使发射的微波具有尖锐的方向性,天线具有特殊的结构。常见的微波天线如图 8-5 所示,有喇叭形天线和抛物面天线之分。此外还有介质天线与隙缝天线等。

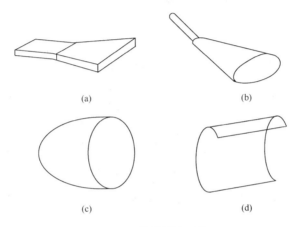

图 8-5 常见微波天线
(a) 扇形喇叭天线;(b) 圆锥喇叭天线;(c) 旋转抛物面天线;(d) 抛物柱面天线

喇叭形天线结构简单,制造方便,它可以看做是波导管的延续。喇叭形天线在波导管与敞开的空间之间匹配作用,可以获得最大能量输出。抛物面天线好像凹面镜产生平行光,因此使微波发射的方向性得到改善。

8.2.2 微波传感器及其分类

微波传感器就是指利用微波特性来检测一些物理量的器件或装置。其由发射天线发出微波,遇到被测物体时将被吸收或反射,使微波功率发生变化。若利用接收天线,接收到通过被测物或由被测物反射回来的微波,并将它转化成电信号,再经过信号处理电路处理,并根据发射与接收时间差,即可显示出被测量,实现了微波检测过程。根据上述原理制成的微波传感器可以分为以下两类。

(1) 反射式微波传感器。

反射式微波传感器通过检测被测物反射回来的微波功率或经过的时间间隔来测量被测物的位置、厚度等参数。

(2) 遮断式微波传感器。

遮断式微波传感器通过检测接收天线接收到的微波功率大小来判断发射天线与接收

天线之间有无被测物,以及被测物的位置与含水量等参数。

与一般传感器不同,微波传感器的敏感元件可认为是一个微波场,而其他部分可视为一个转换器和接收器,如图 8-6 所示。图中 MS 是微波源,T 是转换器,R 是接收器。

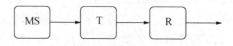

图 8-6 微波传感器的构成

转换器可以是一个微波场有限空间,被测物质即处于其中。如果 MS 与 T 合二为一,则称为有源微波传感器;如果 MS 与 R 合二为一,则称为自振式微波传感器。

8.2.3 微波传感器的优点及存在的问题

1. 微波传感器的优点

(1) 实现非接触测量。因此可利用微波传感器进行活体检测,大部分测量不需要取样。

(2) 测量速度快、灵敏度高,可以进行动态检测和实时处理,便于自动控制。

(3) 可以在恶劣环境条件下检测,如高温、高压、有毒、有放射线环境条件。

(4) 便于实现遥测与遥控。

2. 微波传感器存在的问题

零点漂移和标定尚未很好解决,使用时外界因素影响较多,如温度、气压、取样位置等。

8.2.4 微波传感器的应用——微波温度传感器

任何物体,当它的温度高于环境温度时,都能向外辐射热量。当辐射热到达接收机输入端口时,若仍然高于基准温度(或室温),则在接收机的输出端将有信号输出,这就是辐射计或噪声温度接收机的基本原理。

微波频段的辐射计就是一个微波温度传感器,其原理框图如图 8-7 所示。

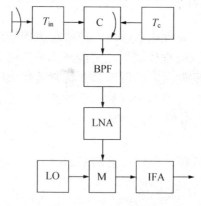

图 8-7 微波温度传感器原理框图

图 8-7 中，T_{in} 为输入温度（被测温度），T_c 为基准温度，C 为环形器，BPF 为带通滤波器，LNA 为低噪声放大器，IFA 为中频放大器，M 为混频器，LO 为本机振荡器。该传感器的关键部件是低噪声放大器 LNA，它决定了传感器的灵敏度。

微波传感器最有价值的应用是微波遥测。将微波温度传感器装在航天器上，可遥测大气对流层状况，进行大地测量与探矿；也可以遥测水质污染程度；或是确定水域范围，判断土地肥沃程度，判断植物品种等。

近年来，微波传感器又有了新的重要应用，这就是用其探测人体癌变组织。癌变组织与周围正常组织之间存在一个微小的温度差。早期癌变组织比正常组织高 0.1 摄氏度，肿瘤组织比正常组织高 1 摄氏度。如果能精确测量出 0.1 摄氏度的温差，就可以发现早期癌变，从而可以早期治疗。

8.3 超声波传感器

8.3.1 超声波传感器的物理基础

人们能听到的声音是由物体振动产生的，它的频率在 20 ~ 20 000 Hz 范围内。超过 20 kHz 的声波称为超声波，低于 20 Hz 的声波称为次声波。

检测常用的超声波频率范围为几十千赫到几十兆赫。

超声波是一种在弹性介质中的机械震荡，它的波形有纵波、横波、表面波 3 种。质点的振动方向与波的传播方向一致的波称为纵波；质点的振动方向与波的传播方向垂直的波称为横波；质点的振动介于纵波与横波之间，沿着表面传播，振幅随深度的增加而迅速衰减的波称为表面波。横波、表面波只能在固体中传播，纵波可在固体、液体及气体中传播。

超声波具有以下基本性质。

1. 传播速度

超声波的传播速度与介质的密度和弹性特性有关，也与环境条件有关。对于液体，其传播速度 c 为：

$$c = \sqrt{\frac{1}{\rho B_g}} \tag{8-1}$$

在气体中，超声波的传播速度与气体种类、压力及温度有关，其在空气中传播速度 c 为：

$$c = 331.5 + 0.607t(\text{m/s}) \quad (t \text{ 为环境温度}) \tag{8-2}$$

对于固体，其传播速度 c 为：

$$c = \sqrt{\frac{E(1-\mu)}{\rho(1+\mu)(1-2\mu)}} \tag{8-3}$$

式 (8-3) 中，E 为固体的弹性模量；u 为泊松系数比。

2. 反射与折射现象

超声波在通过两种不同的介质时，会产生反射和折射现象，如图 8-8 所示，并有如下关系：

$$\frac{\sin\alpha}{\sin\beta} = \frac{c_1}{c_2} \tag{8-4}$$

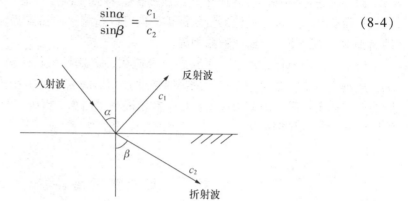

图 8-8　超声波的反射与折射

3. 传播中的衰减

随着超声波在介质中传播距离的增加，由于介质吸收能量而使超声波强度有所衰减。若超声波进入介质时的强度为 I_0，通过介质后的强度为 I，则它们之间的关系为：

$$I = I_0 e^{-Ad} \tag{8-5}$$

式（8-5）中，d 为介质的厚度，A 为介质对超声波能量的吸收系数。

介质中的能量吸收程度与超声波的频率及介质的密度有很大关系。介质的密度 ρ 越小，衰减越快，尤其在频率高时则衰减更快。故在空气中通常采用频率较低（几十千赫）的超声波，而在固体、液体中则采用频率较高的超声波。

利用超声波的特性，可做成各种超声波传感器（它包括超声波的发射和接收），配上不同的电路，即可制成各种超声波仪器及装置，应用于工业生产、医疗、家电等行业中。

8.3.2　超声波换能器及耦合技术

超声波换能器有时也称超声波探头。超声波换能器可根据其工作原理不同而分为压电式、磁致伸缩式、电磁式等数种。在检测技术中主要采用压电式超声波换能器。

根据其结构不同，超声波换能器又可分为直探头、斜探头、双探头、表面波探头、聚焦探头、水浸探头、空气传导探头以及其他专用探头等。

1. 以固体为传导介质的探头

用于固体介质的单晶直探头（俗称直探头）的结构如图 8-9（a）所示。压电晶片采用 PZT 压电陶瓷材料制作，外壳用金属制作，保护膜用于防止压电晶片磨损、改善耦合条件，阻尼吸收块用于吸收压电晶片背面的超声脉冲能量，防止杂乱反射波的产生。

双晶直探头的结构如图 8-9（b）所示。它是由两个单晶直探头组合而成，装配在同一壳体内。两个探头之间用一块吸收性强、绝缘性好的薄片加以隔离，并在压电晶片下方增设延迟块，使超声波的发射和接受互不干扰。在双探头中，一只压电晶片担任发射超声脉冲的任务，而另一只担任接收超声脉冲的任务。双探头的结构虽然复杂一些，但信号发射和接收的控制电路却较为简单。

有时为了使超声波能倾斜入射到被测介质中，可选用斜探头，如图 8-9（c）所示。压电晶片粘贴在与底面成一定角度的有机玻璃斜楔块上，压电晶片的上方用吸声性强的阻尼块覆盖。当斜楔块与不同材料的被测介质（试件）接触时，超声波产生一定角度的折射，倾斜入射到试件中去，折射角可通过计算求得。

2. 耦合剂

在图 8-9 中，无论是直探头还是斜探头，一般都不能将其放在被测介质（特别是粗糙金属）表面来回移动，以防磨损。更重要的是，由于超声波探头与被测物体接触时，在被测物体表面不平整的情况下，探头与被测物体表面间必然存在一层空气薄层。空气的密度很小，将引起 3 个界面间强烈的杂乱反射波，造成干扰，而且空气也将对超声波造成很大的衰减。为此，必须将接触面之间的空气排挤掉，使超声波能顺利地入射到被测介质中。

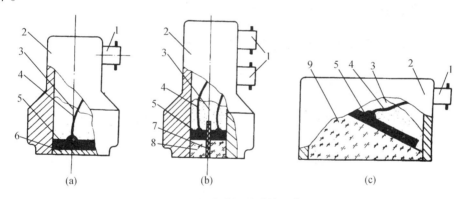

图 8-9　超声波探头结构示意图

（a）单晶直探头；（b）双晶直探头；（c）斜探头

1-插头；2-外壳；3-阻尼吸收块；4-引线；5-压电晶体；6-保护膜；
7-隔离层；8-延迟块；9-有机玻璃斜楔块

在工业中，经常使用一种称为耦合剂的液体物质，使之充满在接触层中，起到传递超声波的作用。

常用的耦合剂有水、机油、甘油、水玻璃、胶水、化学糨糊等。耦合剂的厚度应尽量薄些，以减小耦合损耗。

3. 以空气为传导介质的超声波发射器和接收器

此类发射器和接收器一般是分开设置的，两者的结构也略有不同。

如图 8-10 所示为空气传导用的超声波发射器和接收器结构图。

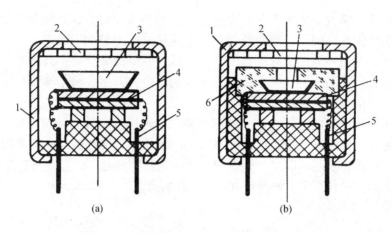

图 8-10　空气传导型超声波发射、接收结构

(a) 超声波发射器；(b) 超声波接收器

1-外壳；2-金属丝网罩；3-锥形共振盘；4-压电晶片；5-引线端子；6-阻抗匹配器

空气传导型超声波发射器的压电片上粘贴了一只锥形共振盘，以提高发射效率和方向性。接收器的共振盘上还增加了一只阻抗匹配器，以提高接收效率。

8.3.3　超声波传感器的应用

超声波传感器的应用有两种基本类型，即透射型与反射型，如图 8-11 所示。

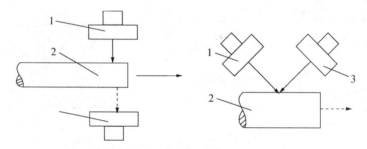

图 8-11　超声应用的两种基本类型

(a) 透射型；(b) 反射型

1-超声发射器；2-被测物；3-超声接收器

当超声发射器与接收器分别置于被测物两侧时，称为透射型超声波传感器。透射型可用于遥控器、防盗报警器、接近开关等。

当超声发射器与接收器置于同侧时为反射型超声波传感器，反射型可用于接近开关、测距、测液位或料位、金属探伤以及测厚等。

下面简单介绍超声波传感器在工业中的几种应用。

1. 超声波探伤

超声波探伤是无损探伤技术中的一种主要检测手段。它主要用于检测板材、管材、锻件和焊缝等材料中的缺陷（如裂缝、气孔、夹渣等）、测定材料的厚度、检测材料的晶粒、配合断裂力学对材料使用寿命进行评价等。超声波探伤因具有检测灵敏度高、速度快、成本低等优点,因而得到人们的普遍重视,并在生产实践中得到广泛应用。

超声波探伤方法多种多样,最常用的是脉冲反射法。而脉冲反射法根据超声波波型不同又可分为纵波探伤、横波探伤和表面波探伤。

(1) 纵波探伤。

纵波探伤使用直探头。测试前,先将探头插入探伤仪的连接插座上。探伤仪面板上有一个荧光屏,通过荧光屏可知工件中是否存在缺陷、缺陷大小及缺陷的位置。测试时探头放于被测工件上,并在工件上来回移动进行检测。探头发生的纵波超声波,以一定速度向工件内传播,如工件中没有缺陷,则超声波传到工件底部才发生反射,在荧光屏上只出现始脉冲 T 和底脉冲 B,如图 8-12 所示。如工件中有缺陷,一部分声脉冲在缺陷处产生反射,另一部分继续传播到工件底面产生反射,在荧光屏上除出现始脉冲 T 和底脉冲 B 外,还出现缺陷脉冲 F。荧光屏上的水平亮线为扫描线(时间基线),其长度与工件的厚度成正比例(可调),通过缺陷脉冲在荧光屏上的位置可确定缺陷在工件中的位置。亦可通过缺陷脉冲幅度的高低来判断缺陷当量的大小。如果缺陷面积大,则缺陷脉冲的幅度就高。通过移动探头还可确定缺陷大致长度。

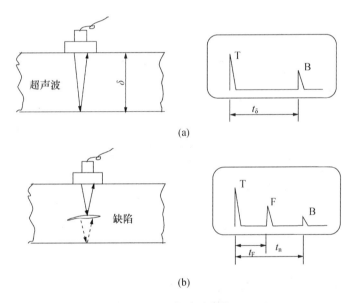

图 8-12 超声波探伤
(a) 无缺陷时超声波的反射及显示波;(b) 有缺陷时超声波的反射及显示波

(2) 横波探伤。

横波探伤多采用斜探头进行探伤。

超声波一个显著的特点是:超声波波束中心线与缺陷截面积垂直时,探头灵敏度最高。

遇到如图 8-13 所示的缺陷时,用直探头探测虽然可探测出缺陷存在,但并不能真实反映缺陷大小。

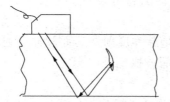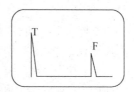

图 8-13　横波单探头探伤

如采用斜探头探测,则探伤效果较佳。因此在实际应用中,应根据不同缺陷性质、取向,采用不同的探头进行探伤。有些工件的缺陷性质及取向事先不能确定,为了保证探伤质量,则应采取多种不同探头进行多次探测。

(3) 表面波探伤。

表面波探伤主要是检测工件表面附近的缺陷存在与否,如图 8-14 所示。当超声波的入射角 α 超过一定值后,折射角 β 可达到 $90°$,这时固体表面受到超声波能量引起的交替变化的表面张力作用,质点在介质表面的平衡位置附近作椭圆轨迹振动,这种振动称为表面波。

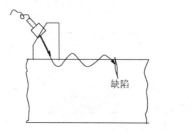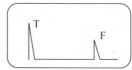

图 8-14　表面波探伤

当工件表面存在缺陷时,表面波被反射回探头,可以在荧光屏上显示出来。

2. 超声波流量计

如图 8-15 所示,在被测管道上下游的一定距离上,分别安装两对超声波发射和接收探头 (F_1, T_1)、(F_2, T_2)。其中 (F_1, T_1) 的超声波是顺流传播的,而 (F_2, T_2) 的超声波是逆流传播的。根据这两束超声波在流体中传播速度的不同,采用测量两接收探头上超声波传播的时间差、相位差或频率差等方法,可测量出流体的平均速度及流量。

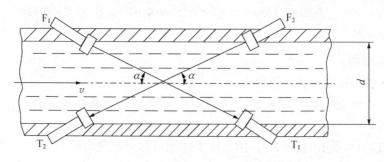

图 8-15　超声波流量计原理

设超声波的传播方向与流体流动方向的夹角为 α,流体在管道内的平均流速为 v,超声波静止流体中的声速为 c,管道的内径为 d。则超声波由 F_1 至 T_1 的绝对速度为 $v_1 = c + v\cos\alpha$,超声波由 F_2 至 T_2 的绝对传播速度为 $v_2 = c - v\cos\alpha$。超声波顺流与逆流传播的时间差为:

$$\Delta t = t_2 - t_1 = \frac{d/\sin\alpha}{c - v\cos\alpha} - \frac{d/\sin\alpha}{c + v\cos\alpha} = \frac{2dv\cot\alpha}{c^2 - v^2\cos^2\alpha} \tag{8-6}$$

所以:

$$\Delta t \approx \frac{2dv}{c^2}\cot\alpha \tag{8-7}$$

因为 v≪c,所以:

$$v = \frac{c^2 \Delta t}{2d}\tan\alpha \tag{8-8}$$

则体积流量约为:

$$qv \approx \frac{\pi}{4}d^2 v = \frac{\pi}{8}dc^2\Delta t \cdot \tan\alpha \tag{8-9}$$

由式(8-9)可知,流速 v 及流量 qv 均与时间差 Δt 成正比,而时间差可用标准时间脉冲计数器来实现。上述方法被称为时间差法。在这种方法中,流量与声速 c 有关,而声速一般随介质的温度变化而变化,因此将造成温漂。使用频率差法测流量,则可克服温度的影响。

频率差法测流量的原理如图 8-16 所示。F_1、F_2 是完全相同的超声探头,安装在管壁外面,通过电子开关的控制,交替地作为超声波发射器与接收器使用。

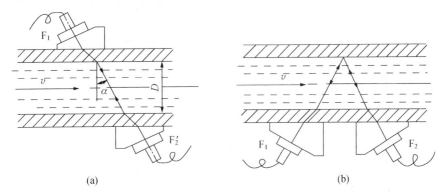

图 8-16 频率差法测流量原理图

(a)透射型安装图;(b)反射型安装图

首先由 F_1 发射出第一个超声脉冲,它通过管壁、流体及另一侧管壁被 F_2 接收,此信号经放大后再次触发 F_1 的驱动电路,使 F_1 发射第二个超声脉冲……设在一个时间间隔 t_1 内,F_1 共发射了 n_1 个脉冲,脉冲的重复频率为 $f_1 = n_1/t_1$。

在紧接下去的另一个相同的时间间隔 t_2($t_2 = t_1$)内,与上述过程相反,由 F_2 发射超声脉冲,而 F_1 作接收器。同理可以测得 F_2 的脉冲重复频率为 f_2。经推导,顺流发射频率 f_1 与逆流发射频率 f_2 的频率差 Δf 为:

$$\Delta f = f_1 - f_2 \approx \frac{\sin 2\alpha}{D}v \tag{8-10}$$

顺流发射频率 f_1 与逆流发射频率 f_2 的频率差 Δf 只与被测流速 v 成正比,而与声速 c 无关。发射、接收探头也可如图 8-16（b）所示的那样,安装在管道的同一侧。

超声流量计最大的特点是:探头可装在被测管道的外壁,实现非接触测量,既不干扰流场,又不受流场参数的影响。超声波流量计输出与流量基本上呈线性关系,精度一般可达 ±1%,且其价格不随管道直径的增大而增大,因此特别适合大口径管道和混有杂质或腐蚀性液体的测量。另外液体流速还可采用超声多普勒法测量。

8.4 机器人传感器

8.4.1 机器人与传感器

机器人可以被定义为计算机控制的能模拟人的感觉、手工操纵、具有自动行走能力而又足以完成有效工作的装置。

按照其功能,机器人已经发展到了第三代,而传感器在机器人的发展过程中起着举足轻重的作用。

第一代机器人是一种进行重复操作的机械,主要是通常所说的机械手,它虽配有电子存储装置,能记忆重复动作,然而,因未采用传感器,所以没有适应外界环境变化的能力。第二代机器人已初步具有感觉和反馈控制的能力,能进行识别、选取和判断,这是由于采用了传感器,使机器人具有初步的智能。因而传感器的采用与否已成为衡量第二代机器人的重要特征。第三代机器人为高一级的智能机器人,具有自我学习、自我补偿、自我诊断能力,具备神经网络。"电脑化"是这一代机器人的重要标志。然而,电脑处理的信息,必须要通过各种传感器来获取,因而这一代机器人需要有更多的、性能更好的、功能更强的、集成度更高的传感器。

机器人传感器可以定义为一种能将机器人目标物特性（或参量）变换为电量输出的装置,常被称为机器人的电五官。

机器人的发展方兴未艾,应用范围日益广泛,人们不仅要求它能从事越来越复杂的工作,对变化的环境能有更强的适应能力,而且要求它能进行更准确的定位和控制。因此,对传感器在机器人上的应用不仅是十分必要的,而且具有更高的要求。这在当今是一个非常重要的课题。

8.4.2 机器人传感器的分类

机器人传感器可分为内部检测传感器和外部检测传感器两大类。

内部检测传感器是以机器人本身的坐标轴来确定其位置,它通常由位置、加速度、速度及压力传感器组成。

外界检测传感器用于机器人对周围环境、目标物的状态特征获取信息,从而使机器人对环境有自校正和自适应能力。

外界检测传感器通常包括触觉、接近觉、视觉、听觉、嗅觉、味觉等传感器,参见表 8-2。

表 8-2 机器人用外界检测传感器的分类

传感器	内容检测	监测器件	应用
触觉	接触	限制开关	动作顺序控制
	把握力	应变计、半导体感压元件	把握力控制
	荷重	弹簧变位测量计	张力控制、指压力控制
	分布压力	导电橡胶、感压高分子材料	姿势、形状判别
	多元力	应变计、半导体感压元件	装配力控制
	力矩	压阻元件、马达电流计	协调控制
	滑动	光学旋转检测器、光纤	滑动判定、力控制
接近觉	接近	光电开关、LED、激光、红	动作顺序控制
	间隔	外光敏晶体管、光敏二极管	障碍物躲避
	倾斜	电磁线圈、超声波传感器	轨迹移动控制、探索
视觉	平面位置	ITV 摄像机、位置传感器	位置决定、控制
	距离	测距器	移动控制
	形状	线图像传感器	物体识别、判别
	缺陷	面图像传感器	检查、异常检测
听觉	声音	麦克风	语言控制（人机接口）
	超声波	超声波传感器	移动控制
嗅觉	气体成分	气体传感器、射线传感器	化学成分探测
味觉	味道	离子传感器、pH 计	化学成分检测

8.4.3 触觉传感器

1. 人体皮肤的感觉

皮肤内分布着多种感受器，能产生多种感觉。一般认为皮肤感觉主要有 4 种，即触觉、冷觉、温觉和痛觉。用不同性质的刺激仔细观察人的皮肤感觉时发现，不同感觉的感受区在皮肤表面呈相互独立的点状分布；如用纤维的毛轻触皮肤表面时，只有当某种特殊的点被触及时，才能引起触觉。

冷觉和温觉合称为温度觉。这起源于两种感觉范围不同的温度传感器，因为"冷"不能构成一种能量形式。

2. 机器人的触觉

机器人触觉，实际上是人体触觉的某些模仿。它是有关机器人和对象物之间直接接触的感觉，包括的内容较多，通常指以下几种。

（1）触觉：手指与被测物是否接触，接触图形的检测。
（2）压觉：垂直于机器人和对象物接触面上的力传感器。
（3）力觉：机器人动作时各自由度的力感觉。
（4）滑觉：物体向着垂直于手指把握面的方向移动或变形。

机器人的触觉主要有两方面的功能。

（1）检测功能。

对操作物进行物理性质检测，如光滑性、硬度等，其目的是：感知危险状态，实施自我保护；灵活地控制手爪及关节以操作对象物；使操作具有适应性和顺从性。

（2）识别功能。

识别对象物的形状（如识别接触到的表面形状）。

近年来，为了得到更加完善、更拟人化的触觉传感器，人们进行了所谓"人工皮肤"的研究。这种"皮肤"实际上也是一种由单个触觉传感器按一定形状（如矩阵）组合在一起的阵列式触觉传感器，如图8-17所示。其密度较大、体积较小、精度较高，特别是接触材料本身即为敏感材料，这些都是其他结构的触觉感受器很难达到的。"人工皮肤"传感器可用于表面形状和表面特性的检测。据有关材料报道，目前的皮肤触觉传感器的研究主要在两个方面：一是选择更为合适的敏感材料，现有的材料主要有导电橡胶、压电材料和光纤等；二是将集成电路工艺应用到传感器的设计和制造中，使传感器和处理电路一体化，得到大规模或超大规模阵列式触觉传感器。

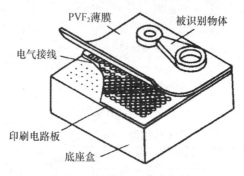

图8-17 阵列式触觉传感器

触觉信息的处理一般分为两个阶段：第一个阶段是预处理，主要是对原始信号进行"加工"；第二阶段则是在预处理的基础上，对已经"加工"过的信号作进一步的"加工"，以得到所需要形式的信号。经这两步处理后，信号就可用于机器人的控制。

压觉指的是对于手指给予被测物的力，或者加在手指上的外力的感觉。压觉主要用于握力控制与手的支撑力检测，其基本要求是：小型轻便、响应快、阵列密度高、再现性好、可靠性高。目前，压觉传感器主要是分布型压觉传感器，即通过把分散敏感元件阵列排列成矩阵式格子来设计而成。导电橡胶、感应高分子、应变计、光电器件和霍耳元件常被用作敏感元件单元。这些传感器本身对于力的变化基本上不发生位置变化。能检测其位移量的压觉传感器具有如下优点：可以多点支撑物体；从操作的观点来看，能牢牢抓住物体。

压觉是一维力的感觉，而力觉则为多维力的感觉。因此，应用力觉的触觉传感器，为了检测多维力的成分，要把多个检测元件立体地安装在不同位置上。用于力觉传感器的主要有应变式、压电式、电容式、光电式和电磁式等。由于应变式的价格便宜，可靠性好，且易于制造，故被广泛采用。

力觉传感器的作用有：感知是否夹起了工件或是否夹持在正确部位；控制装配、打磨、研磨抛光的质量；装配中提供信息，以产生后续的修正补偿运动来保证装配的质量和速度;防止碰撞、卡死和损坏机件。

另外,机器人要抓住属性未知的物体时,必须确定自己最适当的握力目标值,因此需检测出握力不够时所产生的物体滑动,并利用这一信号,在不损坏物体的情况下,牢牢抓住物体。为此目的设计的滑动检测器,叫做滑觉传感器,如图 8-18 所示。该传感器的主要部分是一个如同棋盘一样相间的、用绝缘材料盖住的小导体球。在球表面的任意两个方向安上接触器。接触器触头接触面积小于球面上露出的导体面积。球与被握物体相接触,无论滑动方向如何,只要球一转动,传感器就会产生脉冲输出。应用适当的技术,利用该球的尺寸和传导面积可以提高检测灵敏度。

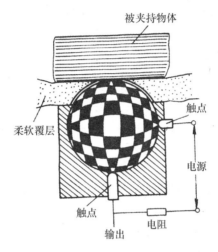

图 8-18 球形滑觉传感器

8.4.4 接近觉传感器

接近觉是机器人能感知相距几毫米至几十厘米内对象物或障碍物的距离、对象物的表面性质等的传感器。其目的是在接触对象前得到必要的信息,以便后续动作。这种感觉是非接触的,实际上可以认为是介于触觉和视觉之间的感觉。

接近觉传感器有电磁式、光电式电容式、气动式、超声波式和红外线式等类型。由于相关传感器已在前面章节中详细讲解,在此仅作简单介绍。

1. 电磁式

电磁式接近觉传感器利用涡流效应产生接近觉。

如图 8-19 所示,加有高频信号的励磁线圈 L 产生的高频电磁场作用于金属板,在其中产生涡流,该涡流又反作用于线圈。通过检测线圈的输出可反映传感器与被接近金属间的距离。这种接近传感器精度高,响应快,可在高温环境中使用,但检测对象必须是金属。

2. 电容式

电容式接近觉传感器利用电容量的变化产生接近觉。

电容接近觉传感器如图 8-20 所示。其本身作为一个极板,被接近物作为另一个极板。将该电容接入电桥电路或 RC 振荡电路,利用电容极板距离的变化产生电容的变化,可检测出与被接近物的距离。电容式接近觉传感器具有对物体的颜色、构造和表面都不敏感且实时性好的优点。但一般按上述结构制作的传感器要求障碍物是导体且必须接地,并且其容易受到对地寄生电容的影响。

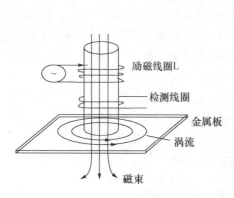

图 8-19 电磁式接近传感器

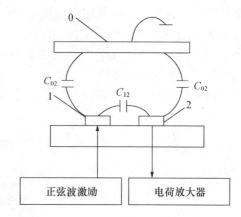

图 8-20 电容接近觉传感器

3. 超声波式

超声波式接近觉传感器适于较长距离和较大物体的探测,一般把它用于机器人的路径探测和躲避障碍物。

4. 红外线式

红外线式接近觉传感器可以探测到机器人是否靠近人或其他热源,用于保护和改变机器人行走路径。

5. 光电式

光电式接近觉传感器的应答性好,维修方便,目前应用较广,但使用环境受到一定的限制(如对象物体颜色、粗糙度、环境亮度等)。

8.4.5 视觉传感器

1. 人的视觉

人的眼睛由含有感光细胞的视网膜和作为附属结构的折光系统等部分组成。人眼的适宜刺激波长是 370～740 nm 的电磁波。在这个可见光谱的范围内,人脑通过接收来自视网膜的传入信息,可以分辨出视网膜像的不同亮度和色泽,因而可以看清视野内发光物体或反光物体的轮廓、形状、颜色、大小、远近和表面细节等情况。自然界形形色色的物体以及文字、图片等,通过视觉系统在人脑中得到反映。人眼视网膜上有两种感光细胞,视锥细胞主要感受白天的景象,视杆细胞主要感受夜间景象。人的视锥细胞大约有七百多万个,是听觉细胞的三千多万倍。因此在各种感官获取的信息中,视觉约占 80%。同样对机器人来说,视觉传感器也是最重要的传感器。

2. 机器人的视觉

机器人的视觉系统通常是利用光电传感器构成的。

机器人的视觉作用的过程如图 8-21 所示。

图 8-21 视觉作用过程

客观世界中三维实物经由传感器（如摄像机）成为平面的二维图像，再经处理部件给出景象的描述。应该指出，实际的三维物体形状和特征是相当复杂的，特别是由于识别的背景千差万别，而机器人上视觉传感器的视角又在时刻变化，引起图像时刻发生变化，所以机器人视觉在技术上难度较大。

机器人视觉系统要能达到实用，至少要满足以下几方面的要求。一是实时性，随着视觉传感器分辨率的提高，每帧图像所要处理的信息量大增，若是识别一帧图像需要十几秒，这当然无法进入实用。现在随着硬件技术的发展和快速算法的研究，识别一帧图像的时间可在 1 s 左右，这样才可满足大部分作业的要求。二是可靠性，因为视觉系统若做出误识别，轻则损坏工件或机器人，重则可能危及操作人员的生命，所以必须要求视觉系统工作可靠。三是要求有柔性，即系统能适应物体的变化和环境变化，工作对象多种多样，要能从事各种不同的作业。四是价格适中，一般视觉系统占整个机器人价格的 10%～20% 比较适宜。

在空间中判断物体的位置和形状一般需要两类信息：距离信息和明暗信息，视觉系统主要解决这两方面的问题。当然作为物体视觉信息来说还有色彩信息，但它对物体的识别不如前两类信息重要，所以在视觉系统中用得不多。获得距离信息的方法可以有超声波、激光反射法、立体摄像法等，而明暗信息则主要靠电视摄像机、CCD 固态摄像机来获得。

与其他传感器工作情况不同，视觉系统对光线的依赖性很大，往往需要好的照明条件，以便使物体形成的图像最为清晰，处理复杂程度最低，从而使检测得到的信息增强，不至于产生不必要的阴影、低反差、镜面反射等问题。

带有视觉系统的机器人还能完成许多作业，例如识别机械零件并组装泵体、小型电机电刷的安装作业、晶体管自动焊接作业、管子凸像焊接作业集成电路板的装配等。对特征机器人来说，视觉系统使机器人在危险环境中自主规划，完成复杂的作业成为可能。

视觉技术虽然只有短短一二十年的发展时间，但其发展是十分迅速的。由一维信息处理发展到二维、三维复杂处理，由简单的一维光电管线阵传感器发展到固态面阵 CCD 摄像机，在硬、软件两个方面都取得了很大的成就。目前这方面的研究仍然是热门话题，吸引了大批科研人员，视觉技术未来的应用天地是十分广阔的。

3. 视觉传感器

（1）人工网膜。

人工网膜是用光电管阵列代替网膜感受光信号。其最简单的形式是 3×3 的光电管矩阵，多的可达 256×256 个像素的阵列甚至更高。

以 3×3 阵列为例。数字字符 1，得到的正、负像如图 8-22 所示，大写字母字符 I，所得正、负像如图 8-23 所示。上述正负像可事先作为标准图像存储起来。

$$
\text{正像} \begin{matrix} 0 & 1 & 0 \\ 0 & 1 & 0 \\ 0 & 1 & 0 \end{matrix} \qquad \text{负像} \begin{matrix} -1 & 0 & -1 \\ -1 & 0 & -1 \\ -1 & 0 & -1 \end{matrix}
$$

图 8-22　数字字符 1 的正、负像

$$
\text{正像} \begin{matrix} 1 & 1 & 1 \\ 0 & 1 & 0 \\ 1 & 1 & 1 \end{matrix} \qquad \text{负像} \begin{matrix} 0 & 0 & 0 \\ -1 & 0 & -1 \\ 0 & 0 & 0 \end{matrix}
$$

图 8-23　大写字母字符 I 的正、负像

工作时得到数字字符 1 的输入，其正、负像可与已存储的 1 和 I 的正、负像进行比较，结果参见表 8-3。

表 8-3　比较结果

相 关 值	与 1 比较	与 I 比较
正相关值	3	3
负相关值	6	2
总相关值	9	5

在两者比较中，是 1 的可能性远比是 I 的可能性大，前者总相关值是 9，等于阵列中光电管的总数，这表示所输入的图像信息与预先存储的图像数字字符 1 的信息是完全一致的。

由此可判断输入的字符是数字字符 1，不是大写字母字符 I，也不是其他字符。

（2）光电探测器件。

最简单的光电探测器是光电管和光敏二极管。光电管的电阻随所受光照度而变化；而光敏二极管像太阳能电池一样是一种光生伏特器件，当"接通"时能产生与光照度成正比的电流。光敏二极管可以是固态器件，也可以是真空器件，在检测中用来产生/关信号，检测一个特征或物体的有无。

固态探测器件可以排列成线性阵列和矩阵阵列，从而使之具有直接测量或摄像的功能。例如要测量的特征或物体以影像或反射光的形式在阵列上形成图像，就可以通过计算机快速扫描各个单元，把被遮暗或照亮的单元数目记录下来。

固态摄像器件是做在硅片上的集成电路，硅片上有一个极小的光敏单元阵列，在入射光的作用下可以产生电子电荷包。硅片上还包含有一个以积累和存储电子电荷的存储单元阵列，一个能按顺序读出存储电荷的扫描电路。

目前用于非接触测试的固态阵列有自扫描光敏二极管（SSPD）、电荷耦合器件

（CCD）、电荷耦合光敏二极管（CCPD）和电荷注入器件（CID），其主要区别在于电流形成的方式和电流流出方式不同。

在这4种阵列中使用的光敏元件，既有扩散型二极管，也有场致光探测器，前者具有较宽的光谱响应和较低的暗电流，后者往往反射损失较大并对某些波长有干扰。

读出机构有数字或模拟移位器。在数字移位器中，控制一组多路开关，将各探测单元中的电子顺次注入公共母线，产生视频输出信号。由于所有开关都必须连接到输出线上，所以数字移位器的电容相当大，从而限制了能达到的信噪比。

目前在机器人视觉中采用的非接触测试的固态阵列以CCD器件占多数，单个线性阵列已达到4 096单元，CCD面阵已达到512×512及更高。利用CCD器件制成的固态摄像机有较高的几何精度，更大的光谱范围，更高的灵敏度和扫描速率，并具有结构尺寸小、功耗小、耐久可靠等优点。

8.4.6 听觉、嗅觉及味觉传感器

1. 人的听觉

人体听觉的外周感受器官是耳，耳的适宜刺激是一定频率范围内的声波振动。耳由外耳、中耳和内耳迷路中的耳蜗部分组成。由声源振动引起空气产生的疏密波，通过外耳道、骨膜和听骨链的传递，引起耳蜗中淋巴液和基底膜的振动，使耳蜗科蒂器官中的毛细胞产生兴奋。科蒂器官和其中所含的毛细胞，是真正的声音感受装置。听神经纤维就分布在毛细胞下方的基底膜中，对声音信息进行编码，传送到大脑皮层的听觉中枢，产生听觉。

2. 机器人的听觉

听觉也是机器人的重要感觉器官之一。由于计算机技术及语音学的发展，现在已经实现用机器代替人耳，不仅可通过语音处理及识别技术识别讲话人，还能正确理解一些简单的语句。然而，由于人类的语言非常复杂，无论哪个民族，其语言的词汇量都非常大，即使是同一个人，他的发音也会随着环境及身体状况而有所变化，因此，使机器人的听觉具有接近人耳的功能还相差甚远。

从应用的目的来看，可以将识别声音的系统分为两大类。

（1）发音人识别系统。发音人识别系统的任务是判别接受到的声音是否是事先指定的某个人的声音，也可以判别是否是事先指定的一批人中的哪个人的声音。

（2）语义识别系统。语义识别系统可以判别语音是什么字、短语、句子，而不管说话人是谁。

为了实现语音的识别，主要任务就是要提取语音的特征。一句话或一个短语可以分为若干个音或音节，为了提取语音的特征，必须把一个音再分为若干个小段，再从每一个小段中提取语音的特征。语音的特征很多，对每一个字音就可以由这些特征组成一个特征矩阵。

语音识别的方法很多，其基本原理是将事先指定的人的声音的每一个字音的特征矩阵存储起来，形成一个标准模式。系统工作时，将接收到的语音信号用同样的方法求出

他们的特征矩阵,再与标准模式相比较,看它与哪个模式相同或相近,从而识别该语音信号的含义。

机器人听觉系统中,听觉传感器的基本形态与传声器相同,所以在声音的输入端方面问题较少。其工作原理多为利用压电效应、磁电效应等,在前面章节中已有介绍,在此不再赘述。

3. 人的嗅觉

人的嗅觉器官是位于上鼻道及鼻中隔后上部的嗅上皮,两侧总面积约 5 cm^2。由于它们所处的位置较高,平静呼吸时,气流不易到达,因此在嗅一些不太浓的气味时,要用力吸气,使气流上冲,才能到达嗅上皮。嗅上皮含有 3 种细胞,即主细胞、支持细胞和基底细胞。主细胞也叫嗅细胞,呈圆瓶状,细胞顶端有 5~6 条短的纤毛,细胞底端有长突,它们组成嗅丝,穿过筛骨直接进入嗅球。嗅细胞的纤毛受到悬浮于空气中的物质分子或溶于水及脂质的物质刺激时,有神经冲动传到嗅球,进而传向更高级的嗅觉中枢,引起嗅觉。

有人分析了 600 种有气味物质和他们的化学结构,提出了至少存在 7 种基本气味;其他众多的气味则可能由这些基本气体的组合所引起。这 7 种气味是樟脑味、麝香味、花卉味、薄荷味、乙醚味、辛辣味和腐腥味。大多数具有同样气味的物质,具有共同的分子结构;但也有例外,有些分子结构不同的物质,也可能具有相同的气味。实验发现,每个嗅细胞只对一种或两种特殊的气味有反应,且嗅球中不同部位的细胞只对某种特殊的气味有反应。这样看来,一个气体传感器就相当于一个嗅细胞。对于人的鼻子来说,不同性质的气味刺激有其相对专用的感受位点和传输线路;非基本的气味则由它们在不同线路上引起的不同数量冲动的组合,在中枢引起特有的主观嗅觉感受。

4. 机器人的嗅觉

机器人的嗅觉传感器主要采用气体传感器、射线传感器等。

机器人的嗅觉主要有以下用途:

(1) 用于检测空气中的化学成分、浓度;

(2) 用于检测放射线、可燃气体及有毒气体;

(3) 用于了解环境污染、预防火灾和毒气泄漏报警。

5. 人的味觉

人的味觉器官是味蕾,主要分布在舌背部表面和舌缘,以及口腔和咽部粘膜表面。每一味蕾由味觉细胞和支持细胞组成。味觉细胞顶端有纤毛,称味毛,由味蕾表面的孔伸出,它是味觉感受器的关键部位。

人和动物的味觉系统可以感受和区分多种味道。人们很早以前就知道,众多味道是由 4 种基本味觉组合而成,这就是甜、酸、苦和咸。不同物质的味道与其分子结构的形式有关。通常 NaCl 能够引起典型的咸味;无机酸中的 H$^+$ 是引起酸感的关键因素,但有机酸的味道也与它们带负电的酸根有关;甜味与葡萄糖的主体结构有关;而生物碱的结构能引起典型的苦味。研究发现,一条神经纤维并不是只对一种基本味觉刺激起反应,每个味细胞几乎对 4 种基本味刺激都起反应,但在同样摩尔浓度下,只有一种刺激能引起最大的感受器电位。显然，不论4种基本味觉刺激的浓度怎样改变，每一种刺激在4对基本刺激的敏感性各不相同的传入纤维上，引起传入冲动数量多少的组合形式是各有特异性的。由此可见，通过对于各具一定特异性的信息通路的活动进行组合形式对比，是中枢分辨外界刺激的某些属性的基础。

6. 机器人的味觉

通过人的味觉研究可以看出，要做出一个好的味觉传感器，还要通过努力，在发展离子传感器与生物传感器的基础上，配合微型计算机进行信息的组合来识别各种味道。通常味觉是指对液体进行化学成分的分析。实用的味觉方法有 pH 计、化学分析器等。一般味觉可探测溶于水中的物质，而且在一般情况下，当探测化学物质时嗅觉比味觉更灵敏。

8.5 实　　训

1. 走访医院化学室，了解各种生物传感器性能技术指标及其使用方法。
2. 坐火车时观察火车迎面交会，汽笛声音的频率由低到高再到低的变化情况，感受声音频率的多普勒效应。

8.6 习　　题

1. 生物传感器的信号转换方式有哪几种？
2. 生物传感器有哪些种类，简要说明其工作原理。
3. 比较微波传感器与超声波传感器有何异同。
4. 简述超声波传感器测流量的基本原理。
5. 超声波传感器如何对工件进行探伤？有何优点？还有哪些传感器可用于对工件进行无损探伤？
6. 机器人传感器主要有哪些种类？
7. 接近觉传感器是如何工作的？举例说明其应用。
8. 请说出到目前为止本书共介绍了哪些传感器？试根据其原理不同进行归纳总结。

第 9 章 传感器接口电路

9.1 传感器输出信号的处理方法

9.1.1 输出信号的特点

由于传感器种类繁多,传感器的输出形式也是各式各样的。例如,尽管同是温度传感器,热电偶随温度变化输出的是不同的电压,热敏电阻随温度变化输出的是不同的电阻,而双金属温度传感器则随温度变化输出开关信号。

表 9-1 列出了传感器的一般输出形式。

表 9-1 传感器的输出信号形式

输出形式	输出变化量	传感器的例子
开关信号型	机械触点	双金属温度传感器
	电子开关	霍耳开关式集成传感器
模拟信号型	电压	热电偶、磁敏元件、气敏元件
	电流	光敏二极管
	电阻	热敏电阻,应变片
	电容	电容式传感器
	电感	电感式传感器
其他	频率	多普勒速度传感器、谐振式传感器

传感器输出信号具有以下特点。
(1) 传感器的输出信号,一般比较微弱,有的传感器输出电压最小仅有 $0.1\ \mu V$。
(2) 传感器的输出阻抗都比较高,这样会使传感器信号输入测量电路时产生较大的信号衰减。
(3) 传感器的输出信号动态范围很宽。
(4) 传感器的输出信号随着输入物理量的变化而变化,但它们之间的关系不一定是线性比例关系。
(5) 传感器的输出信号大小会受温度的影响,有温度系数存在。

9.1.2 输出信号的处理方法

根据传感器输出信号的特点,采用不同的信号处理方法来提高测量系统的测量精度和线性度,这正是传感器信号处理的主要目的。传感器在测量过程中常掺杂有许多噪声信号,它会直接影响测量系统的精度。因此,抑制噪声也是传感器信号处理的重要内容。

传感器输出信号的处理主要由传感器的接口电路完成。因此,传感器接口电路应具有一定信号预处理的功能。经预处理后的信号,应成为可供测量、控制使用及便于向微型计算机输入的信号形式。对不同的传感器,接口电路是完全不同的。典型的传感器接口电路参见表9-2。

表9-2 典型的传感器接口电路

接口电路	信号预处理的功能
阻抗变换电路	在传感器输出为高阻抗的情况下,变换为低阻抗,以便于检测电路准确地拾取传感器的输出信号
放大电路	将微弱的传感器输出信号放大
电流电压转换电路	将传感器的电流输出转换成电压
电桥电路	把传感器的电阻、电容、电感变化转换为电流或电压
频率电压转换电路	把传感器输出的频率信号转换为电流或电压
电荷放大器	将电场型传感器输出产生的电荷转换为电压
有效值转换电路	在传感器为交流输出的情况下,转为有效值,变为直流输出
滤波电路	通过低通及带通滤波器消除传感器的噪声成分
线性化电路	在传感器的特性不是线性的情况下,用来进行线性校正
对数压缩电路	当传感器输出信号的动态范围较宽时,用对数电路进行压缩

9.2 传感器信号检测电路

完成传感器输出信号处理的各种接口电路统称为传感器检测电路。

9.2.1 检测电路形式

有许多非电量的检测技术要求对被测量进行某一定值的判断,当达到确定值时,监测系统应输出控制信号。在这种情况下大多是用开关型传感器,利用其开关功能,作为直接控制元件使用。使用开关型传感器的检测电路比较简单,可以直接用传感器输出的开关信号驱动控制电路和报警电路工作。

定值判断的检测系统中,由于检测对象的原因,也常使用具有模拟信号输出的传感器。在这种情况下,往往要先检测电路进行信号的预处理,再放大,然后用比较器将传感器输出信号与设置的比较电平相比较。当传感器输出信号达到设置的比较电平时,比较器输出状态发生变化,驱动控制电路及报警电路工作。

当监测系统要获得某一范围的连续信息时,必须使用模拟信号输出型传感器。传感器输出信号经接口电路预处理后,再经放大器放大,然后由数字式电压表将检测结果直接显示出来。数字电压表一般由 A/D 转换器、译码器、驱动器及数字显示器组成。这种检测电路以数字读数的形式显示出被测物理量,例如温度、水分、转速及位移量等。接口电路则根据传感器的输出特点进行选择。

9.2.2 常用电路

1. 阻抗匹配器

传感器输出阻抗都比较高,为防止信号的衰减,常常采用高输入阻抗的阻抗匹配器作为传感器输入到测量系统的前置电路。常见的阻抗匹配器有半导体管阻抗匹配器、场效应晶体管阻抗匹配器及运算放大器阻抗匹配器。

半导体管阻抗匹配器实际上是一个半导体管共集电极电路,又称为射极输出器。射极输出器的输出相位与输入相位相同,其电压放大倍数小于1,电流放大倍数从几十到几百倍。当发射极电阻为 R_e 时,射极输出器的输入阻抗 $R_{in} = \beta R_e$。因此射极输出器的输入阻抗高,输出阻抗低,带负载能力强,常用来做阻抗变换电路和前后级隔离电路。

半导体管阻抗匹配器虽然有较高的输入阻抗,但由于受偏置电阻和本身基极及集电极间电阻的影响,不可能获得很高的输入阻抗,故其仍然无法满足一些传感器的要求。

场效应晶体管是一种电平驱动元件,栅漏极间电流很小,其输入阻抗可高达 10^{12} Ω 以上,故可作阻抗匹配器。场效应晶体管阻抗匹配器结构简单、体积小,因此常用作前置级的阻抗变换器。场效应晶体管阻抗匹配器有时还直接安装在传感器内,以减少外界的干扰,其在电容式声传感器、压电式传感器等容性传感器中得到了广泛的应用。

除此之外,还可以使用运算放大器做成阻抗匹配器。

2. 电桥电路

电桥电路是传感器检测电路中经常使用的电路,主要用来把传感器的电阻、电容、电感变化转换为电压或电流。根据电桥供电源的不同,电桥可分为直流电桥和交流电桥。直流电桥主要用于电阻式传感器,如热敏电阻、电位器等;交流电桥主要用于测量电容式传感器和电感式器传感器的电容和电感的变化。电阻应变片传感器大多采用交流电桥,这是因为应变片电桥输出信号微弱,须经放大器进行放大,而使用直流放大器容易产生零点漂移。此外,应变片与桥路之间采用电缆连接,其引线分布电容的影响不可忽略,使用交流电桥还会消除这些影响。

(1) 直流电桥。

直流电桥的基本电路如图 9-1 所示。它是由直流电源供电的电桥电路,电阻构成桥式电路的桥臂,桥路的一对角线是输出端,一般接有高输入阻抗的放大器。在电桥的另一对角线接点上加有直流电压。电桥输出电压可由式(9-1)给出,即:

$$U_{out} = \frac{U(R_2 R_4 - R_1 R_3)}{(R_1 + R_4)(R_2 + R_3)} \quad (9\text{-}1)$$

电桥的平衡条件为:

$$R_2 R_4 = R_1 R_3 \quad (9\text{-}2)$$

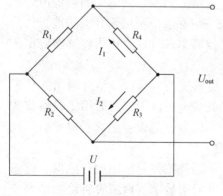

图 9-1 直流电桥的基本电路

当电桥平衡时，输出电压为零。

当电桥4个臂的电阻发生变化而产生增量 ΔR_1、ΔR_2、ΔR_3、ΔR_4 时，电桥的平衡被打破，电桥此时的输出电压为：

$$U_{out} = \frac{UR_1R_4}{(R_1+R_4)^2}\left(\frac{\Delta R_4}{R_4} - \frac{\Delta R_3}{R_3} + \frac{\Delta R_2}{R_2} - \frac{\Delta R_1}{R_1}\right) \tag{9-3}$$

若取 $\alpha = \frac{R_4}{R_1} = \frac{R_3}{R_2}$，则：

$$U_{out} = \frac{\alpha U}{(1+\alpha)^2}\left(\frac{\Delta R_4}{R_4} - \frac{\Delta R_3}{R_3} + \frac{\Delta R_2}{R_2} - \frac{\Delta R_1}{R_1}\right) \tag{9-4}$$

当 $\alpha = 1$ 时，输出灵敏度最大，此时：

$$U_{out} = \frac{U}{4}\left(\frac{\Delta R_4}{R_4} - \frac{\Delta R_3}{R_3} + \frac{\Delta R_2}{R_2} - \frac{\Delta R_1}{R_1}\right) \tag{9-5}$$

如果 $R_1 = R_2 = R_3 = R_4$ 时，则电桥电路被称为四等臂电桥，此时输出灵敏度最高，而非线性误差最小，因此在传感器的实际应用中多采用四等臂电桥。

直流电桥在应用过程中常出现误差，消除误差通常采用补偿法，包括零点平衡补偿、温度补偿和非线性补偿等。

（2）交流电桥。

如图9-2所示为交流桥式电路，其中 Z_1 和 Z_2 为阻抗元件，它们同时可以为电感或电容。电桥两臂为差动方式，故又称差动交流电桥。在初始状态时，$Z_1 = Z_2 = Z_0$，电桥平衡，输出电压 $U_{out} = 0$。测量时一个元件的阻抗增加，另一个元件的阻抗减小，假设 $Z_1 = Z_0 + \Delta Z$，$Z_2 = Z_0 - \Delta Z$，则电桥的输出电压为：

$$U_{out} = \left(\frac{Z_0 + \Delta Z}{2Z_0} - \frac{1}{2}\right)U = \frac{\Delta Z U}{2Z_0} \tag{9-6}$$

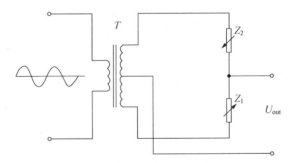

图9-2 电感式传感器配用的交流电桥

如果假定 $Z_1 = Z_0 - \Delta Z$，$Z_2 = Z_0 + \Delta Z$，则电桥的输出电压为：

$$U_{out} = -\frac{\Delta Z U}{2Z_0} \tag{9-7}$$

3. 放大电路

传感器的输出信号一般比较微弱，因而在大多数情况下都需要放大电路。放大电路主要用来将传感器输出的直流信号进行放大处理，为监测系统提供高精度的模拟输入信号，它对检测系统的精度起着关键作用。

除特殊情况外，目前检测系统中的放大电路一般都采用运算放大器构成。

(1) 反相放大器。

如图 9-3（a）所示为反相放大器的基本电路。反相放大器的输出电压可由式（9-8）确定，即：

$$U_{out} = -\frac{R_F U_{in}}{R_1} \tag{9-8}$$

式（9-8）中的负号表示输出电压与输入电压反相，其放大倍数只取决于 R_F 与 R_1 的比值，具有很大的灵活性，因此反相放大器广泛应用于比例运算中。

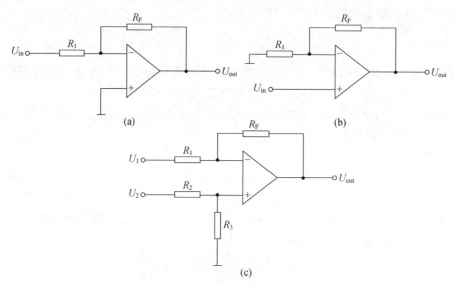

图 9-3 放大电路
(a) 反相放大器电路；(b) 同相放大器电路；(c) 差动放大器电路

(2) 同相放大器。

如图 9-3（b）所示为同相放大器的基本电路。输入电压 U_{in} 直接从同相输入端加入，而输出电压 U_{out} 通过 R_f 反馈到反向输入端。同相放大器的输出电压为：

$$U_{out} = \left(1 + \frac{R_f}{R_1}\right) U_{in} \tag{9-9}$$

从式（9-9）可以看出，同相放大器的增益也同样取决于 R_F 与 R_1 比值，这个数据为正，说明输出电压与输入电压同相，而且其绝对值也比反相放大器多 1。

(3) 差动放大器。

如图 9-3（c）所示为差动放大器的基本电路。两个输入信号 U_1 和 U_2 分别经 R_1 和 R_2 输入到运算放大器的反相输入端和同相输入端，输出电压则经 R_F 反馈到反相输入端。电路中要求 $R_1 = R_2$、$R_F = R_3$，差动放大器的输出电压为：

$$U_{out} = \frac{(U_2 - U_1) R_F}{R_1} \tag{9-10}$$

差动放大器最突出的优点是能够抑制共模信号。共模信号是指在两个输入端所加的大小相等、极性相同的信号。理想的差动放大器对共模输入信号的放大倍数为零,所以差动放大器零点漂移最小。来自外部空间的电磁波干扰也属于共模信号,它们也会被差动放大器抑制,所以说差动放大器的抗干扰能力极强。

4. 电荷放大器

利用压电式传感器进行测量时,压电式传感器输出的信号是电荷量的变化,配上适当的电容后,输出电压可高达几十伏到数百伏,但信号功率却很小,信号源的内阻也很大。为此,要在压电元件和检测电路之间配接一个放大器,放大器应采用输入阻抗高、输出阻抗低的电荷放大器。

电荷放大器是一种带电容负反馈的高输入阻抗、高放大倍数的运算放大器,其优点在于可以避免传输电缆分布电容的影响。

如图9-4所示为用于压电传感器的电荷放大器的等效电路。其中 k 为放大器的电荷放大器开环差模放大倍数,C_f 为反馈电容,R_F 为反馈电阻,C_a 为压电传感器等效电容,C_0 为电缆分布电容,R_a 为压电传感器的等效电阻,C_1 为电荷放大器的输入电容。

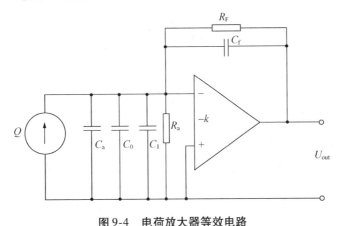

图9-4 电荷放大器等效电路

忽略较高的输入电阻后,电荷放大器的输出电压为:

$$U_{out} = \frac{-Qk}{C_a + C_0 + C_1 + (1+k)C_f} \tag{9-11}$$

由于 k 值很大,故 $(1+k)C_f \gg C_a + C_0 + C_1$,则式 (9-11) 可以简化为:

$$U_{out} = \frac{-Qk}{(1+k)C_f} \approx -\frac{Q}{C_f} \tag{9-12}$$

电荷放大器输出电压 U_{out} 只与电荷 Q 和反馈电容 C_f 有关,而与传输电缆的分布电容无关。这说明电荷放大器的输出电压不受传输电缆长度的影响,从而为远距离测量提供了方便条件。但是,电荷放大器的测量精度却与配接电缆的分布电容 C_0 有关,例如,当 $C_f = 1000\ pF$、$k = 10^4$、$C_a = 100\ pF$、电缆分布电容为 100 pF,要求测量精度为 1% 时,允许电缆的长度约为 1000 m;而当要求的精度为 0.1% 时,则允许电缆的长度仅有 100 m。

5. 传感器与放大电路配接的示例

如图9-5所示为应变片式传感器与测量电桥配接的放大电路。

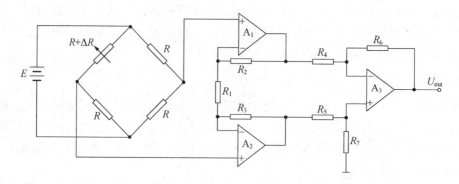

图 9-5 应变电桥配接的放大电路

应变式传感器作为电桥的一个桥臂,在电桥的输出端接入一个输入阻抗高、共模抑制作用好的放大电路。当被测物理量引起应变片电阻变化时,电桥的输出电压也随之改变,以实现被测物理量和电压之间的转换。在一般情况下,电桥的输出电压为毫伏数量级,因此需加接放大电路。

图 9-5 中, A_1 和 A_2 是两个同相放大器, A_3 为差动放大器。当电桥产生的检测信号经 A_1 和 A_2 放大后,它们的输出电压将作为差动输入信号输入给 A_3 进行放大。放大电路的输出电压为:

$$U_\text{out} = \left[-\frac{R_6}{R_4}\left(1 + \frac{2R_2}{R_1}\right) \right] U_\text{in} \tag{9-13}$$

应该指出, A_3 差动放大器中的 4 个电阻精度要求很高,否则将会产生一定的测量误差。在实际应用中,常在 R_7 支路串联一个电位器,通过调节电位器,使电路在 A_1 和 A_2 输出相等时,输出电压 U_out 为零。此外,在实际应用中,电桥电路和放大电路之间往往用电缆进行连接,此时应采取一定的抗干扰措施,使干扰信号得到抑制。

6. 噪声的抑制

在非电量的检测及控制系统中,往往混入一些干扰的噪声信号,它们常会使测量结果产生很大的误差,这些误差将导致控制程序的紊乱,从而造成控制系统中的执行机构产生误动作。可见,在传感器信号处理中,噪声的抑制是非常重要的。噪声的抑制也是传感器信号处理的重要内容之一。

(1) 噪声产生的根源。

噪声就是测量系统电路中混入的无用信号。按噪声源的不同,噪声可分为两种。

① 内部噪声。内部噪声是由传感器或检测电路元件内部带电微粒的无规则运动产生,例如热噪声、散粒噪声以及接触不良引起的噪声等。

② 外部噪声。外部噪声是由传感器检测系统外部人为或自然干扰造成。外部噪声的来源主要为电磁辐射,当电机、开关机或其他电子设备工作时会产生电磁辐射,雷电、大气电离及其他自然现象也会产生电磁辐射。在检测系统中,由于元件之间或电路之间存在着分布电容或电磁场,因而容易产生寄生耦合现象,在寄生耦合的作用下,电场、磁场及电磁波就会引入监测系统,干扰电路的正常工作。

(2) 噪声的抑制方法。

① 选用质量好的元器件。

② 屏蔽：屏蔽就是用低电阻材料或磁性材料把元件、传输导线、电路及组合件包围起来，以隔离内外电磁或电场的相互干扰。屏蔽可分为3种，即电场屏蔽、磁场屏蔽及电磁屏蔽。其中，电场屏蔽主要用来防止元器件或电路间因分布电容耦合形成的干扰；磁场屏蔽主要用来消除元器件或电路间因磁场寄生耦合产生的干扰，磁场屏蔽的材料一般都选用高磁导系数的磁性材料；电磁屏蔽主要用来防止高频电磁场的干扰，电磁屏蔽的材料应选用导电率较高的材料，如铜、银等，利用电磁场在屏蔽金属内部产生涡流而起屏蔽作用。电磁屏蔽的屏蔽体可以不接地，起到兼有电场屏蔽的作用。电场屏蔽体必须可靠接地。

③ 接地：电路或传感器中的地指的是一个等电位点，它是电路或传感器的基准电位点。与基准电位点相连接，就是接地。传感器或电路接地，是为了清除电流流经公共地线阻抗时产生的噪声电压，也可以避免受磁场或地电位差的影响。把接地和屏蔽正确结合起来使用，就可抑制大部分的噪声。

④ 隔离：前后两个电路信号端直接连接，容易形成环路电流，引起噪声干扰。这时，常采用隔离的方法，把两个电路的信号端从电路上隔开。隔离的方法主要采用变压器隔离和光电耦合器隔离。在两个电路之间加入隔离变压器可以切断地环路，实现前后电路的隔离，变压器隔离只适用于交流电路。在直流或超低频测量系统中，常采用光电耦合的方法实现电路的隔离。

⑤ 滤波：滤波电路或滤波器是一种能使某一种频率顺利通过而另一部分频率受到较大衰减的装置。因传感器的输出信号大多是缓慢变化的，因而对传感器输出信号的滤波常采用有源低通滤波器，它只允许低频信号通过而不能通过高频信号。常采用的方法是在运算放大器的同相端接入一阶或二阶 RC 有源低通滤波器，使干扰的高频信号滤除，而有用的低频信号顺利通过；反之，在输入端接高通滤波器，将低频干扰滤除，使高频有用信号顺利通过。

除了上述的滤波器外，有时还要使用带通滤波器和带阻滤波器。带通滤波器的作用是只允许某一频带内的信号通过，而比同频带下限频率低和比上限频率高的信号都被阻断，它常用于从许多信号中获取所需要的信号，而使干扰信号被滤除。带阻滤波器和带通滤波器相反，在规定的频带内，信号不能通过，而在其他频率范围，信号则能顺利通过。总之，由于不同监测系统的需要，应选用不同的滤波电路。

9.3 传感器和微型计算机的连接

9.3.1 传感器与微型计算机结合的重要性

在现代技术中，传感器与微型计算机的结合，对信息处理自动化及科学技术进步起着非常重要的作用。可以从以下几个方面看到它的重要意义。

1. 促进自动化生产水平的提高

传感器和微型计算机的结合，可以进行多点测量，多参数测量，有选择性测量，实现自动校正,测量数据自动分析,测量结果自动传输,自动控制,使自动化仪表实现智能化,形成以智能化仪表为核心的工业生产检测与控制系统,使自动化生产水平得到不断提高。

2. 有利于新产品的开发

在新产品的开发过程中,将传感器及微型计算机相结合,有利于开发前所未有的高性能的传感器,例如智能传感器。

3. 提高企业管理水平

微型计算机和传感器的结合,使得数据的检测、处理和统计过程控制更为准确、迅速、合理,使企业的生产技术、产品质量、安全生产、节省人力和降低成本等上一个新的水平。

4. 为技术改造开辟新的领域

随着国民经济的发展,企业除增添新的设备外还需对大量的旧设备进行改造。如果把传感器和微型计算机结合起来在技术改造中得以应用,就会为各种旧设备的更新和智能化开拓出极其广阔的领域,让它们发挥更大的作用。

9.3.2 检测信号在输入微型计算机前的处理

检测信号在输入微型计算机前的处理要根据不同类型的传感器区别对待,具体分3种情况讨论。

1. 接点开关型传感器

这类传感器的输出信号是由开关接点的通、断形成的,虽然这种信号输入微型计算机较容易,但会产生信号抖动现象。凡是机械触点开关传感器基本上都存在这个问题。消除抖动的方法可以采用硬件处理或软件处理。软件处理通常设定一个延迟时间,抖动消除时间设定在几十毫秒就足够了。

2. 无接点开关型传感器

该类传感器输出的开关信号不存在抖动现象,但也不是数字信号,而具有模拟信号特性,这时在微型计算机的输入电路中设置比较器,根据传感器输出信号与基准比较电平相比较的结果来判断开关的状态,然后将比较结果由输入口输入微型计算机。

3. 模拟输出型传感器

模拟输出型传感器输出的是模拟信号,是微型计算机无法处理的,必须先把传感器输出的模拟量转换成数字量后再输给计算机,由计算机对信号进行分析处理。模拟输出型传感器输出特性可分为电压输出变化型、电流输出变化型及阻抗变化型3种。对于电压输出变化型和电流输出变化型的传感器,首先将传感器输出的模拟电压信号或电流信号进行预处理,使它们转换成适当电平的模拟电压,再经A/D转换器转换成数字信号,然后,经输入口输入微型计算机。

有时传感器和微型计算机之间的距离较远,为了提高传输信号抗干扰的能力和减少信号线的数目,传感器的输出信号经预处理后,再经 V/F 转换器转换成频率变化的信号。由于频率变化信号也属于数字量信号,因而可以不经过 A/D 转换器,直接经输入口输入微型计算机。

对于阻抗变换型传感器,一般使用 LC 振荡器或 RC 振荡器将传感器输出的阻抗变化转换成频率的变化,再经输入口输入微型计算机。

9.4 传感器接口电路应用实例

如图 9-6 所示为自动温度控制仪表电路框图。

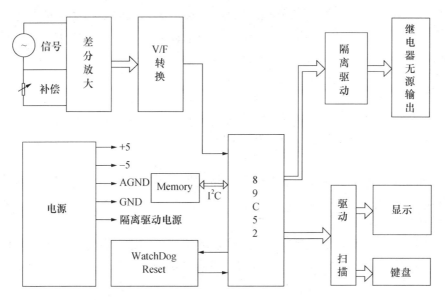

图 9-6 温控仪表原理框图

该系统主要由以下几部分组成:
(1)传感器;
(2)差分放大器;
(3)V/F 转换;
(4)CPU 电路;
(5)存储器电路;
(6)看门狗与复位电路;
(7)显示电路;
(8)键盘;
(9)控制输出电路;
(10)系统支持电源。

它是一个典型的单片机测控电路,有实时信号采集、信号的调节、模拟/数字的转换、数据的显示、键盘控制数据的输入、控制信号输出等。这些都在单机片的协调、控制下完成。

温度信号的采集可以用热电偶、铜热电阻、铂电阻、数字温度芯片等，视具体应用时对温度范围、精度、测量对象等的要求而选定。不同的传感器需要不同的电路连接，可根据传感器的类型、技术参数来设计。

信号易受干扰，所以在信号采集中必须采用有效地措施，例如电源隔离、A/D 转换隔离、V/F 转换等。差分放大器能有效地抑制共模干扰，采用 V/F 转换能有效抑制噪声和对信号变化进行平滑，同时频率信号与单片机接口也比较方便，是一种性价比较高的方案。本电路还具有良好的精度和线性度。

显示功能可根据应用环境、产品定位选用不同的显示器材，如 LED、LCD、CRT 等。本例采用的是 LED，配以动态扫描电路，价格低廉，可以实时显示采集的数据、键盘输入的控制参数等。在测控系统中控制参数的设置是必不可少的，使用中要根据输入信息量来选用合适的键盘。

现场数据要按一定的算法进行运算，要进行非线性校正，要根据键盘输入设定的参数进行控制，控制必须按一定的方式进行。一般现场闭环控制中最常用的是 PID（比例-积分-微分校正）算法，这些都是由单片机进行的，在控制中 80C51 系列单片机应用比较多。本例采用 89C52 型，它带 8KB·E^2PROM。该单片机性价比很高，有一定的可靠性、合理性。

信号输出在工业控制中多采用继电器、晶闸管、固态继电器等方式，其可靠性很重要，将影响系统的安全。一般被控制对象的功率都很大，产生的干扰也很大，所以在输出通道中要采用电源隔离、干扰吸收等措施。

测控系统中的电源也很重要，它直接影响系统的可靠性、稳定性和精度。应根据应用环境、电路形式来选用电源，关键是电源的输出功率、电源的质量、能提供的输出组数等。

9.5 实 训

1. 数字信号远程传输的方法是使用调制解调器，将数字信号"1"和"0"转换为不同的正弦波信号。调制的方法有幅移键控 ASK、相移键控 PSK。其中幅移键控 ASK 是最常用的调制方法。

（1）用一个数字信号源、一个开关电路、两个频率源、一个示波器组成图 9-7 所示电路。开关电路也可以用手动开关来代替。

（2）用示波器观察"1"和"0"对应的频率信号。

2. 采用双光耦器件 TLP521 的光隔离放大器电路如图 9-8 所示。

虽然两个光耦本身是非线性的，由于非线性程度相同，所以采用了负反馈的方法相互抵消，改善了线性。

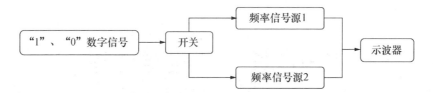

图 9-7　频移键控发生可原理框图

电容 C 用于防止运放的自激振荡。输出放大器 OP-07 用于缓冲隔离。

（1）做印制电路板或利用面包板装调该光隔离放大器电路。

（2）用一高阻抗话筒接到电路输入端；示波器或高频毫伏表接到输出端。

（3）对着话筒讲话，观察示波器或高频毫伏表的输出指示。

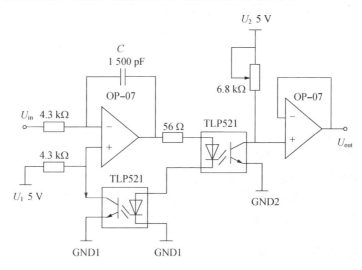

图 9-8　光隔离放大器电路

9.6　习　　题

1. 传感器信号输出接口电路的作用是什么？选择使用时要注意什么？
2. 常见接口电路在传感器输出信号预处理中的功能怎样？
3. 直流全桥电路什么情况下灵敏度最大？为什么？
4. 电荷放大器有何特点？实际应用中要注意什么问题？
5. 抑制噪声的方法有哪些？为什么？
6. 传感器信号在输入微型计算机前应做哪些处理？举例说明。
7. 模/数转换电路有哪几种形式？各有什么特点？使用时要注意什么问题？
8. 试用机械位移传感器和单片机设计一个自动测控系统，画出电路组成框图。

第 10 章 智能传感器

本章要点

- 实现传感器智能化的途径；
- 计算性智能传感器有非单芯片集成、单芯片集成和混合集成 3 种实现方式；
- 几种计算型智能传感器的结构组成和应用。

10.1 智能传感器概述

近年来，信息技术、检测技术和控制技术的快速发展，对传感器提出了更高的要求，促使传统传感器产生了一个飞跃，这就是智能传感器的产生。

全球的电器电子工程师学会（IEEE）在 1998 年通过了智能传感器的定义，即"除产生一个被测量或被控制的正确表示之外，还同时具有简化换能器的综合信息以用于网络环境功能的传感器"。但有不少专家认为，未来的智能传感器所包含的内容要丰富得多。

10.1.1 智能传感器的功能

首先看一个智能传感器的例子，如图 10-1 所示为智能红外测温仪原理框图。红外传感器将被检测目标的温度转化为电信号，经 A/D 转换后输入单机片，同时温度传感器将环境温度转换为电信号，经 A/D 转换后输入单片机，单片机中存放有红外传感器的非线性校正数据。红外传感器检测的数据经单片机计算处理。消除非线性误差后，可获得被测目标的温度特性与环境温度的关系供记录或显示，且可存储备用。可见，智能传感器是具备了记忆、分析和思考能力，输出期望值的传感器。

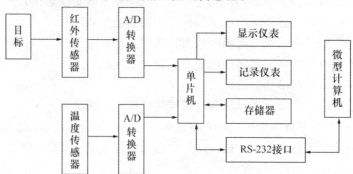

图 10-1 智能红外测温仪原理框图

智能传感器的概念最初来自美国宇航局（NASA）。美国宇航局在开发宇宙飞船的过程中需要知道宇宙飞船在太空中飞行时的速度、加速度、姿态、位置等数据，为了宇航员能正常生活，还需要控制舱内温度、气压、湿度、空气成分等，因而需要安装大量的传感器。同时，在太空中进行各种实验也需要大量的传感器。要处理这么多传感器获得的信息，需要一台大型计算机，在这宇宙飞船上是很难实现的，他们就把希望寄托于传感器本身。他们希望有这样一种传感器出现：

（1）能提供更全面、更真实的信息，消除异常值、例外值；
（2）具有信号处理的能力，包括温度补偿、线性化等功能；
（3）具有随机调整和自适应的能力；
（4）具有一定程度的储存、识别和自诊断的能力；
（5）含有特定算法并可根据需要改变算法。

这种传感器不仅能在物理层面上检测信号，而且能在逻辑上对信号进行分析、处理、储存和通信，相当于具备了人类的记忆、分析、思考和交流的能力，即具备了人类的智能，所以称之为智能传感器。

10.1.2 智能传感器的层次结构

让传感器具有人类的智能，那么，人类的智能是怎么构成的呢？人类的智能是基于及时获得的信息和原先掌握的知识。人类能辨识目标是否正常，能知道环境是否安全和舒适，能探测或识别复杂的气味和食品的味道，这些都是人类利用眼睛、耳朵、皮肤等器官获得的多重状态的传感信息与人类积累的知识相结合而归纳的概念。所以说，人类的智能是实现了多重传感信息的融合并且把它与人类积累的知识结合了起来而作的归纳综合，如图10-2所示。

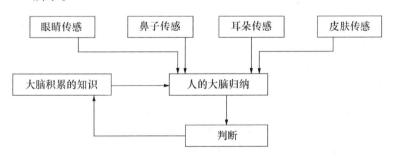

图10-2 人类智能的构成

与人类智能对外界反应的构成原理相似，智能传感器也应该由多种传感器或不同类型传感器从外部目标以分布和并行的方式收集信息；通过信号处理过程把多重传感器的输出或不同类型的传感器的输出结合起来或集成在一起，实现传感器信号融合或集成；最后，根据拥有的关于被测目标的有关知识，进行最高级的智能信息处理，将信息转换为知识和概念供使用。理想智能传感器的层次结构应有3层：

（1）底层，分布并行传感过程，实现被检测信号的收集；
（2）中间层，将收集到的信号融合或集成，实现信息处理；

（3）顶层，中央集中抽象过程，实现融合或集成后的信息的知识处理。

10.1.3 智能传感器的实现

要实现传感器智能化，需要让传感器具备理想传感器的层次结构，让传感器具备记忆、分析和思考能力。就目前发展状况看，有3条不同的途径可以实现这几个要求。

1. 利用计算机合成（智能合成）

利用计算机合成的途径（即智能合成）是最常见的，智能红外测温仪就是它的一个例子。其结构形式通常表现为传感器与微处理器的结合，利用模拟电路、数字电路和传感器网络实现实时并进行操作，采用优化、简化的特性提取方法进行信息处理；即使在设计完成后，还可以通过重新编制程序改变算法来改变其性能和使用，使其具有多功能适应性。这种智能传感器称为计算机智能传感器。

2. 利用特殊功能的材料（智能材料）

利用特殊功能的材料实现的智能传感器，其结构形式为利用传感器材料与特殊功能的材料相结合，以增强检测输出信号的选择性。其工作原理是用具有特殊功能的材料（也称智能材料）来对传感器检测输出的模拟信号进行辨别，仅仅选择有用的信号输出，对噪声或非期望效应则通过特殊功能进行抑制。

此类传感器实际采用的结构是把传感器材料和特殊功能的材料组合在一起，做成一个智能传感器功能部件。特殊功能的材料与传感器材料的合成可以实现几乎是理想的信号选择性，例如固定在生物传感器顶端的酶就是特殊功能材料的一个典型例子。

3. 利用功能化几何结构（智能结构）

功能化几何结构的途径是将传感器做成某种特殊的几何结构或机械结构，对传感器检测信号的处理通过传感器的几何结构或机械结构实现。信号处理通常为信号辨别，即仅仅选择有用的信号，对噪声或非期望效应则通过特殊几何、机械结构抑制。这样增强了传感器检测输出信号的选择性。

例如，光波和声波从一种媒质到另一种媒质的折射和反射传播，可通过不同媒质之间表面的特殊形式来控制，凸透镜或凹透镜是最简单的不同媒质间表面折射和反射的应用例子。只有来自目标空间某一定点的发射光才能被投射在图像空间的一个定点上；而影响该空间点发射光投射结果的其他点的散射光投射效应可由凸透镜或凹透镜在图像平面滤除。

用于这些信号处理的特殊的几何结构和机械结构是相对简单、可靠的，而且进行信号处理是与传感器检测信号完全并行的，从而使处理时间非常短。但信号处理的算法通常不可编制程序，一旦几何结构或机械结构装配完成，就很难再修改，且功能单一。

这3种技术途径都得到了广泛的应用。从单片传感装置与微处理器的组合到神经网络与光导纤维并行处理方式的大型传感器阵列，从两维的功能材料到一个复杂的传感器网络系统，其发展前景非常广阔。

10.2 计算型智能传感器

10.2.1 计算型智能传感器的构成方式

计算型智能传感器的应用最为常见，其底层、中间层和顶层分别由基本传感器、信号处理电路和微处理器构成。它们可以集成在一起形成一个整体，然后封装在一个壳体内，成为集成化方式；也可以互相远离，分开放置在不同的位置或区域，称为非集成化方式。集成为一个组件的结构使用很方便；互相远离分开放置的结构在测量现场环境条件比较恶劣的情况下，便于远程控制和操作。另外还有介于两种方式之间的混合集成化方式。

非集成化方式、集成化方式和混合集成化方式的构成情况如下。

1. 非集成化方式

非集成化传感器是把基本传感器、信号处理电路和带数字总线接口的微处理器相隔一定距离组合在一起，构成智能传感器系统。信号处理电路将基本传感器的输出信号放大并转化成数字信号送微处理器，微处理器输入端通过数字接口与信号处理电路的现场总线连接，输出端接显示器或控制电路。此类智能传感器系统的实现方式方便快捷，熟悉自动化仪表与嵌入式系统设计的人都能入手，目前国内外已有不少此类产品。

2. 集成化方式

集成化方式是采用微型计算机技术和大规模集成电路工艺，把传感元件、信号处理电路、微处理器集成在一个硅材料芯片上制成独立的智能传感器功能块。此类智能传感器需由集成电路生产厂家生产。目前，国内外已有不少厂家推出多种集成化智能传感器，如单片智能压力传感器和智能温度传感器等。

3. 混合集成方式

混合集成方式是将智能传感器的传感元件、信号处理电路、微处理器等各个部分以不同的组合方式分别集成在几个芯片上，然后封装在同一个外壳里。

10.2.2 计算型智能传感器基本结构

计算型智能传感器通常表现为并行的多个基本传感器（也可以是一个）与期望的数字信号处理硬件相结合的传感功能组件，如图10-3所示。

人们希望数字信号处理的硬件有专用程序，可以有效地改善测量质量，增加准确性，可以为传感器加入诊断功能和其他形式的智能。现在已有硅芯片等多种半导体和计算机技术应用与数字信号处理硬件的开发。典型的数字信号处理硬件有如下几种。

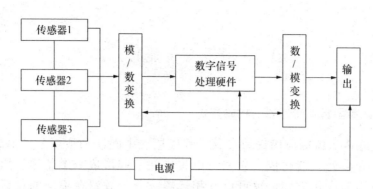

图 10-3 计算型智能传感器基本结构图

1. 微控制器 MCU（Micro-Controller Units）

微控制器 MCU 实际上是专用的单片机，其包括微处理器、ROM 和 RAM 存储器、时钟信号发生器和片内输入/输出（I/O）端口等。其结构如图 10-4 所示。

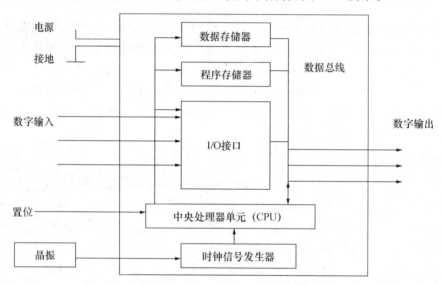

图 10-4 微控制器 MCU 结构框图

微控制器 MCU 为智能传感器提供了灵活、快速、省时的实现一体的控制途径。MCU 编程容易，逻辑运算能力强，可与各种不同类型的外部设备连接。此外，大批量的硅芯片集成生产能力可使系统获得更低成本、更高质量和更高的可靠性。

2. 数字信号处理器 DSP（Digital Signal Processor）

DSP 比一般单片机或 MCU 运算速度快，可实时地激发滤波算法，供实时信号处理用。相对而言，MCU 是使用真值表存储程序运行中要访问的数值，通过采用查真值表的方法，在有限的灵活性和准确性的制约下实现近似滤波算法，无法完成实时处理。典型的 DSP 可在不到 100ns 的时间内执行数条指令。这种能力使其可获得最高达 20MIPS（百万条指令每秒）的运行速度，是通常 MCU 的 10～20 倍。DSP 经常以每秒百万次操作（MOPS）

的速度工作，MOPS 的速度要高于 MIPS 倍数以上。以专用 16 位 DSP（DSP56L811）为例，其具有如下特点：

（1）可在 2.7～3.6 V 电压范围内工作，40 MHz 时钟频率、20MOPS 操作速度；

（2）单循环、多重累加移位计算方式；

（3）16 位指令和 16 位数据字长；

（4）2 个 36 位累加器；

（5）3 个串行 I/O 口；

（6）16 位并行 I/O 口，2 个外部中断；

（7）40 MHz 时钟频率下，功率损耗为 120 mW。

例如，汽车的接近障碍探测系统和减噪系统就使用了 DSP 与传感器的结合；检查电动机框架上螺栓孔倾斜度的智能传感器就是用 DSP 代替原先的一台主计算机，速度由原来的一分钟检查一个孔，提高到一分钟检查 100 个孔，且用来处理传感器信号的 DSP 设计工具只有一张名片大小。

3. 专用集成电路 ASIC（Application-Specific Integrated Circuits）

ASIC 技术利用计算机辅助设计，将可编程逻辑装置（PLD）用于小于 5 000 只逻辑门的低密度集成电路上，设计成可编程的高密度集成的用户电路，作为数字信号处理硬件使用，具有相对低的成本和更短的更新周期。用户电路上附加的逻辑功能可以实现某些特殊传感器要求的寻址要求，混合信号的 ASIC 则可同时用于模拟信号与数字信号处理。

4. 场编程逻辑门阵列 FPGA（Field-Programmable Gate Arrays）

场编程逻辑门阵列 FPGA 以标准单元用于中密度（小于 100 000 只逻辑门）高端电路，设计为可编程的高端集成的用户电路，作为数字信号处理硬件使用。作为传感器接口，场编程逻辑门阵列 FPGA 具有很强的计算能力，能减少开发周期，再投入使用后还可以通过重新设计信号处理程序来转变功能。

5. 微型计算机

数字信号处理硬件也可以用微型计算机来实现。这样组合成的计算型智能传感器就不是一个集成单芯片或多芯片的传感功能设置，而是一个智能传感器系统了。

计算型智能传感器利用了数字信号处理硬件的计算和储存能力，对传感器采集的数据进行处理，达到实时、容错、精确、最佳的处理效果；同时利用数字信号处理硬件对传感器内部的工作状态进行调节，实现自补偿、自校准、自诊断，从而使传感器具备了数据处理、双向通信、信息存储和数字量输出等多种智力型的功能。目前，国内正在研制、生产和使用的计算型智能传感器已能做到比传统传感器更精密，可以完成一些传统传感器难以完成的监测工作。今后，计算型智能传感器还将进一步利用人工神经网络、人工智能、多重信息融合的技术，使传感器具备分析、判断、自适应、自学习的能力，从而完成图像识别、特征检测和多维检测等更为复杂的任务。

10.3　特殊材料型智能传感器

特殊材料型智能传感器利用了特殊功能材料对传感信号的选择性能。例如，在 8.1 节中曾提到的，酶和微生物对特殊物质具有高选择性，有时甚至能辨别出一个特殊分子。因此，利用酶和微生物抑制化学元素的共存效应，可以滤出所需的特殊物质，几乎能在传感信号产生的同时完成信号的过滤，选择出所需的信号，从而大大减少了信号处理的时间。

现已广泛应用的血糖传感器就是酶传感器的一个例子。糖氧化基酶具有排他性，能选择血糖发生氧化作用，产生糖化酸和过氧化氢（H_2O_2）。用两个电极和一个微安表、一个直流电源组成一个血糖传感器，其中一个电极作为探测 H_2O_2 电极，在该电极顶部固定有糖氧化基酶。该血糖传感器放置于被检测血液溶液中，由微安表指示值可以确定 H_2O_2 电极上产生的 H_2O_2 的浓度，即可确定血液中糖的浓度。以这种方式，利用各种酶和微生物的生物学功能可以研制一系列不同的生物传感器。如果把抗原或抗体固定于传感器顶端，就能获得对于免疫样本的高敏感性和高选择性。这类生物传感器属于化学智能传感器，具有几近完美的选择性。

另一种化学智能传感器是由具有不同特性和非完全选择性的多重传感器组成。一个名为"电子鼻"的嗅觉系统就是一个成功的应用实例。它由不同传感材料制成 6 个厚膜气体传感器，分别对各种待检测气体有不同的敏感性。这些气体传感器被安装在一个普通的基片上，各个气体传感器对待测气体的不同敏感模式输入微处理器。该微处理器采用类似模式识别的分析方法，辨别出被测气体的类型，然后计算其浓度，再由传感器输出端口以不同的幅值显示输出。多重传感器的材料可以针对不同的气体类型而不相同。微处理器的分析方法采用矩阵描述多重传感器对气体类型的敏感性，表征各个传感器的选择性和交叉敏感性。如果所有传感器对某一特定气体类型具有唯一选择性，那么除对角线元素之外的所有矩阵元素都为零。目前已经发现有几种对有机和无机气体具有不同敏感性或传导性的材料，已经或者正在进行应用。

10.4　几何结构型智能传感器

几何结构型智能传感器的信号处理是以传感器本身的几何或机械结构得以实现的，其大大简化了信号处理过程，响应非常迅速。前面所述的凸透镜和凹透镜就是一个几何结构型光智能传感器的例子。几何结构型智能传感器最重要的特点是传感器和信号处理、传感和执行、信号处理的信号传输等多重功能的合成。人的指头就是传感器与执行体合成的典型例子。而关于声波中噪声抑制的信号处理，例如横向抑制，则是在神经网络的信号传输过程中进行的。

在声音的传感上，人的两耳就具有几何结构型智能传感器的性能。人的两耳具有对声源的三维方向进行辨别的能力，即使两耳与声源处于一个平面之中，也能辨别声源的方向。为辨别物体的三维位置，通常至少需要 3 个传感器，而人的两耳对声波的定位可被看做是一种固有特殊形状下的信号处理功能。仿生学的研究者采用防电火花作为脉冲源，通过插入外耳道的微型电拾音器获取信号，测量人的两耳对声波定位与寻踪相应的方向相关性，以便开发性能更好的智能传感器。

除人耳系统之外，人和动物的其他传感器官也是具有几何结构的智能传感系统的很好的例子。

10.5 智能传感器实例

10.5.1 智能压力传感器

智能压力传感器属于计算型智能传感器，它由主传感器、辅助传感器、微机硬件系统（数字信号处理器）3部分构成，如图10-5所示。

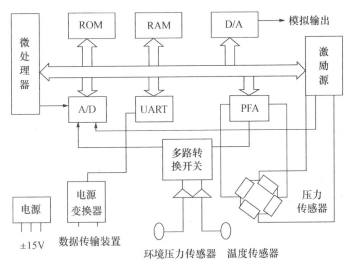

图10-5 智能压力传感器构成框图

主传感器为压力传感器，测量被测压力参数。辅助传感器为温度传感器和环境压力传感器。温度传感器用来监测主传感器工作时的环境温度变化和被测介质的温度变化，以便根据温度变化修正和补偿主传感器压力敏感元件性能随温度变化带来的测量误差。而环境压力传感器的作用是测量工作环境大气压的变化，以便修正大气压变化对主传感器压力敏感元件测量数据的影响。由此可见，智能式压力传感器具有较强的自适应能力，它可以感受工作环境因素的变化，对测量数据进行必要的修正，从而可以保证测量的准确性。智能传感器中的辅助传感器要根据工作条件和对传感器性能指标的要求而选择。例如工作环境比较潮湿时，就应设置湿度传感器，以便修正或补偿潮湿对主传感器测量的影响。

微机硬件系统（数字信号处理器）用于对传感器输出的微弱信号进行放大、处理、存储和与计算机通信。微机硬件系统的构成情况由其应具备的功能而定。图10-5中PFA为程序控制放大器，对压力传感器、温度传感器和环境压力传感器的监测信号处理要求进行放大。UART 为通用异步收发信机，智能压力传感器的输出信号由它转换为异步串行信号，通过串行输出口，以 RS-232 异步串行指令格式传输。电源变换器的二进制码进行电平变换，以达到传输要求的电平。

10.5.2 气象参数测试仪

气象参数测试仪也是一种计算型智能传感器，其结构组成如图 10-6 所示。

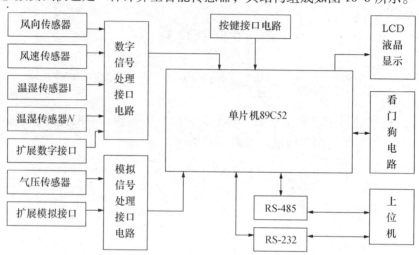

图 10-6 气象参数测试仪结构图

气象参数测试仪中，风速和风向的测定由风带动数码转盘转动的方法实现，温度与湿度的测量采用 LTM8901 智能温度、湿度传感器来进行，这些传感器输出的信号均为数字信号。气象参数测试仪将风速、风向、温度、湿度等数字传感器的信号输入数字信号处理器接口电路，处理后接入单片机。大气压由 MPX4115A 高灵敏度扩散硅压阻式气压传感器测量，MPX4115A 传感器的输出信号为模拟信号，经模拟信号处理接口电路 A/D 转换后输入单片机。经单片机处理的各种信息（温度、湿度、大气压力、风向、风速、键盘输入、控制指令、仪器状态等）在 LCD 液晶屏上显示。气象参数测试仪采用 RS-232 与 RS-485 两种异步串行通信接口与上位机（微型计算机）通信，由设置跳线开关来选择使用哪一种串行接口通信方式。

气象参数测试仪的数字信号处理电路接口上留有扩展接口，模拟信号处理接口电路上也留有扩展接口，可供需要时接其他传感器使用。

气象参数测试仪软件采用模块化设计，由主程序、LCD 显示子程序、初始化子程序、通信子程序、风向子程序、风速子程序、气压子程序、温度与湿度子程序、按键子程序等组成，功能如下：

（1）实现风向、风速、温度、湿度、气压的传感器信号采集；

（2）对采集的信号进行处理、显示；

（3）实现与微型计算机的数据通信，传送仪器的工作状态、气象参数数据。

10.5.3 汽车制动性能检测仪

汽车制动性能的好坏,是安全行车的最重要因素之一,也是汽车安全检测的重点指标之一。制动性能的检测有路试法和台式法。台式法用得较多,它是通过在制动试验台上对汽车制动能力的测量,并以车轮制动力的大小和左右车轮制动力的差值来综合评价汽车的制动性能。

汽车制动性能检测仪由左轮、右轮制动力传感器及数据采集、处理与输出系统组成,其总体框图如图 10-7 所示。

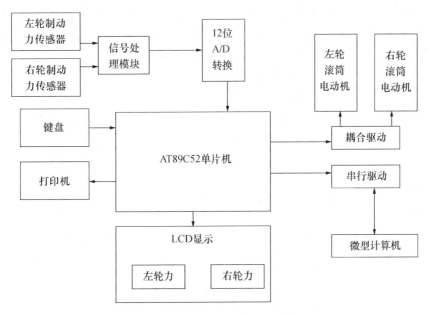

图 10-7 汽车制动性能检测仪总体框图

汽车开上制动检测台以后,其左轮、右轮压下到位开关,使两个到位开关闭合接通,单片机检测到信号,判断汽车已经就位,于是发出一个控制信号。该控制信号经耦合驱动电路使检测台上的左轮、右轮滚筒电动机电路接通,滚筒电动机转动并带动车轮一起转动。滚筒为黏砂滚筒,摩擦系数近似真实路面,可以模拟车轮在路面上行驶。此时,左轮和右轮制动力传感器开始测取阻滞力,经信号处理后,送单片机存储和显示。5 s 后,单片机发出刹车信号,司机踏下制动踏板,车轮制动力作用于滚筒上,传给制动力传感器,信号变换后送单片机存储,由显示器显示。若某一车轮先被抱死,停止转动,则抱死指示灯亮,滚筒电动机电路断电,停止滚筒转动,完成一个检测过程,汽车制动性能检测结果由显示器显示。

汽车制动性能检测仪电路中使用的单片机型号为 AT89C52,为 CMOS 型 8 位单片机,低功耗、高性能,自带 8 KB·Flash 程序存储器 ROM,可擦写 1 000 次,引脚与指令与 80C51 单片机兼容。

10.5.4 轮速智能传感器

轮速智能传感器的硬件结构以单片机为核心,外部扩展 8 KB·RAM 和 8 KB·EPROM,外围电路有信号处理电路、总线通信控制及总线接口等,如图 10-8 所示。

轮速智能传感器检测到的车轮转动速度信号经滤波、整形变换为脉冲数字信号后,由光电隔离耦合输入到 80C31 单片机端口。单片机由 T1 定时器控制,对端口的脉冲数字信号进行周期性的采样测量。通信控制器 SJA1000、通信接口 82C250 组成与 CAN 总线的控制和接口电路(CAN 总线为汽车协议网络总线,将在第 11 章"传感器网络"中介绍)。轮速和其他测控数据由仪表盘上的仪器表显示和使用。在轮速智能传感器的设计过程中,充分考虑了抗干扰和稳定性。单片机的输入/输出端均采用光电隔离,用看门狗定时器(MAX813)进行超时复位,以确保系统可靠的工作。

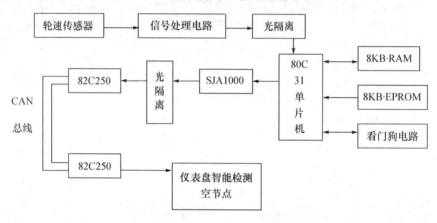

图 10-8 轮速智能传感器

82C250 作为 CAN 总线通信控制器 SJA1000 和 CAN 物理总线间的接口,是为汽车高速传输信息(最高为 1 Mbit/s)设计的。它通过 CAN 总线实现经单片机处理后的传感器数据、控制指令和状态信息与仪表盘间的通信。使用 82C250 总线接口容易形成总线型网络的车辆局域网拓扑结构,具有结构简单、成本低、可靠性较高等特点。

CAN 总线物理层和数据连接层的所有功能由通信控制器 SJA1000 来完成。它具有很强的错误诊断和处理功能,具有编程时钟输出,可编程的传输速率最高达 1Mbit/s,用识别码信息定义总线访问优先权。SJA1000 使用方便,工作环境温度为 -40~125℃,特别适合汽车及工业环境使用。

10.6 实 训

1. 查阅图书资料和报纸杂志,收集各种智能传感器实例。
2. 分析人体器官作为智能传感器是如何工作的。
3. 如图 10-9 所示为智能压阻压力传感器,其中作为主传感器的压阻压力传感器用于压力测量,温度传感器用于测量环境温度,以便进行温度误差修正,两个传感器的输出经前置放大器放大成 0~5 V 的电压信号送至多路传感器,多路传感器根据单片机发出的命令选择一路信号送到 A/D 变换器,A/D 变换器将输入的模拟信号转换为数字信号送入单片机,单片机根据已编好的程序对压阻元件非线性和温度变化产生的测量误差进行修正。在工作环境温度变化为 10~60℃ 的范围内,智能式压阻压力传感器的测量准确度几乎保持不变。

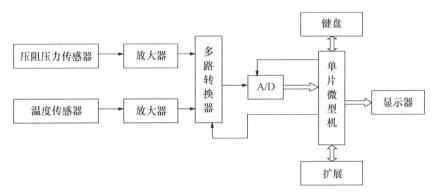

图 10-9 智能压阻压力传感器组成框图

制作印制电路板和编制单片机程序,完成下列工作。

(1) 装配该智能压阻压力传感器。

(2) 压阻压力传感器和温度传感器输出信号,输入单片机,存入存储器。

(3) 压阻压力传感器不加压时,改变温度 10~60℃,将压阻压力传感器和温度传感器的输出信号输入单片机,存入存储器。

(4) 压阻压力传感器加压时,压阻压力传感器和温度传感器的输出信号同时输入单片机,用存储器中的数据对压阻压力传感器输出信号进行修正。

(5) 输出修正后的压力传感数据。

(6) 改变温度 10~60℃,完成压阻压力传感器输出信号的全部修正工作。

(7) 用该智能压阻压力传感器进行压力测量。

10.7 习 题

1. 什么是智能传感器?它有什么样的功能?
2. 人的智能是如何实现的?它的三层结构分别是什么器官?如何工作?
3. 智能传感器的 3 种实现途径是什么?举例说明。
4. 为什么说"人的指头就是传感器与执行体合成的典型例子"?利用气体、液体和固体的热胀冷缩,试设计几个传感器与执行体合成的器件。
5. 举一个计算型智能传感器的例子,解释计算型智能传感器的工作过程。
6. 试设计一个具有自学习能力的智能传感器。

第 11 章 传感器网络

本章要点

- 信息技术的发展导致了分布式数据采集系统组成传感器网络；
- 分布式传感系统之间进行可靠的信息交换，需要一个统一标准的协议；
- 汽车类、工业类、楼宇与办公自动化类和家庭自动化类标准的传感器网络结构。

11.1 传感器网络概述

随着通信技术和计算机技术的飞速发展，人类社会已经进入了网络时代。智能传感器的开发和大量使用，导致了在分布式控制系统中，对传感信息交换提出了许多新的要求。单独的传感器数据采集已经不能适应现代控制技术和检测技术的发展，取而代之的是分布式数据采集系统组成的传感器网络，如图 11-1 所示。

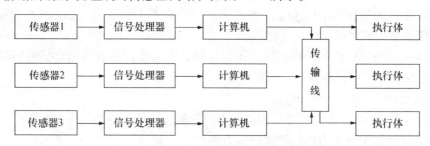

图 11-1 分布式传感器网络系统结构

11.1.1 传感器网络的应用

传感器网络可以实施远程采集数据，并进行分类存储和应用。例如，在某地由传感器采集数据后按需要复制多份，送往多个需要这些数据的地方和部门，或者定期将传感器采集的数据和测量结果送往远处的数据库保存，供需要时随时调用。

传感器网络上的多个用户可以同时对同一过程进行监控。例如，各部门工程技术人员、质量监控人员以及主管领导可同时分别在相距遥远的各地检测、控制同一生产运输过程，不必亲临现场而又能及时收集各方面的数据，建立数据库，进行分析。一旦发生问题，立即展现在眼前，可即时商讨决策，采取相应措施。

不同任务的传感器、仪器仪表（执行体）与计算机组成网络后，可凭借智能化软、硬件（例如模式识别、神经网络的自学习、自适应、自组织和联想记忆功能）灵活调用网上各种计算机、仪器仪表和传感器各自的资源特性和潜力，区别不同的时空条件和仪器仪表、传感器的类别特征，测出临界值，做出不同的特征响应，完成各种形式、各种要求的任务。

因此，专家们高度评价和推崇传感器网络，把传感器网络同塑料、电子学、仿生人体器官一起，看做是全球未来的四大高科技产业，预言它们将掀起新的产业浪潮。

11.1.2 传感器网络的结构

传感器网络可用于人类工作、生活、娱乐的各个方面，可用于办公室、工厂、家庭、住宅小区、机器人、汽车等多种领域。传感器网络的结构形式多种多样，可以是如图11-1所示的全部互连形的分布式传感器网络系统，也可以是多个传感器计算机工作站和一台服务器组成的主从结构传感器网络，如图11-2所示。其网络形式可以是以太网或其他网络，总线连接可以是环形、星形、线形。

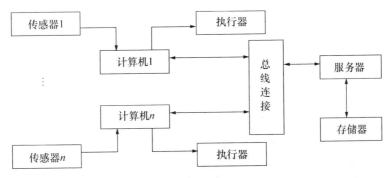

图11-2 主从结构传感器网络

传感器网络还可以是多个传感器和一台计算机或单片机组成的智能传感器，如图11-3所示。

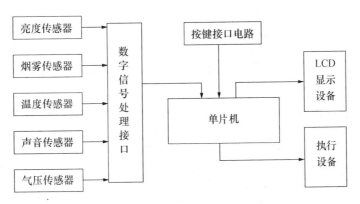

图11-3 传感器网络组成的智能传感器

传感器网络可以组成个人网、局域网、城域网，甚至可以连上遍布全球的Internet互联网，如图11-4所示。目前，人们利用互联网可以获得大量文字、数字、音乐及图像等信息。若将数量巨大的传感器加入互联网，则可以将互联网延伸到更多的人类活动领域。数十亿个传感器将世界各地连接成网，能够跟踪从天气、设备运行状况到企业商品库存等各种动态事务，从而极大地扩充互联网的功能。很多大公司现在已经在部署第一代系统，以监视商品库存和检查加油站油泵内的存油状态。著名的沃尔玛连锁店已经投入资金，在其货物上加装射频识别条形芯片（RFID），使该公司和供应商能够跟踪从生产商到收款台的商品流向。这种技术可望减少商品失窃率和其他损失，并能节省仓储费用及商店的人力成本。

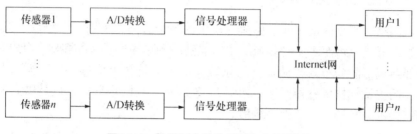

图 11-4　数量巨大的传感器加入互联网

美国约克国际公司管理 6 万家客户的通风系统，该公司计划在未来 5 年内，为其客户的空调上安装几万个网络化的传感器。这些传感器将监视温度，并自动地将最新信息传送给该办公室，从而使维修人员对客户的空调运行状况一目了然。这将大大减少该公司 2444 名技术人员的工作负荷，使生产力提高 15%。

目前，传感器网络建设工作遇到的最大问题是传感器的供电问题。理想的情况是采用可使用几年的高效能电池，或采用耗电少的传感器。值得关注的是，随着移动通信技术的发展，传感器网络也正朝着开发无线传感器的方向发展。

11.2　传感器网络信息交换体系

传感器网络是传感器领域的新兴学科，传感器网络的运行需要传感器信号的数字化，还需要网络上的各种计算机。仪器仪表（执行体）和传感器相互间可以进行信息交换。传感器网络系统信息交换体系涉及协议、总线、器件标准总线、复合传输、隐藏和数据链接控制。

"协议"是传感器网络为保证各分布系统之间进行信息交换而制定的一套规则或约定。对于一个给定的具体应用，在选择协议时，必须考虑传感器网络系统功能和使用硬件、软件与开发工具的能力。

"总线"是传感器网络上各分布式系统之间进行信息交换，并与外部设备进行信息交换的电路元件，"总线"的信息输入、输出接口分串行或并行两种形式，其中串行口应用更为普遍。

"器件标准总线"是把基本的控制元件（如传感器、执行体和控制器）连接起来的电路元件。

"复合传输"是指将几个信息结合起来通过统一通道进行传输，经仲裁来决定各个信息获准进入总线的能力。

"隐藏"是指在限定时间段内确保最高优先级的信息进入（总线）进行传送，一个确定性的系统能够预见信号未来的行动。

"数据链接控制"是将用户所有通信要求组装成以帧为单位的串行数据结构进行传送的执行协议。

传感器网络上各分布式系统之间能够进行可靠的信息交换，最重要的是选择和指定协议。一个统一的国际标准协议可以使各厂家都生产符合标准规定的产品，使不同厂家的传感器和仪器仪表可以互相代用，不同的传感器网络可以互相连接，相互通信。但是相当多的企业和机构已经制定了各自的数据交换协议，使得统一标准相当困难，这主要由于以下两个方面的原因。

第一为技术原因。计算机、仪器仪表和传感器互联的通信网络涉及许多行业的方方面面，不仅有技术难题，而且有不同行业标准和用户习惯的问题，还需为不同类型的网络互联制定协议。

第二为商业利益。统一的国际标准的制定不是制定一个全新的标准，而是要参照现存的企业、集团或国家标准，吸取众家之长。这就使各个企业拼命想扩大自己的技术在国际标准中占有更多的份额，使国际标准能对自己产生有利的影响，占领更多的市场，从而带来更多的经济效益，其结果是互不相让，于是产生了多种协议共存的局面。

11.3 OSI 开放系统互联参考模型

一些工业委员会和公司花费了大量精力去开发了一些企业和机构可接受的协议，其中最重要的是国际标准化组织（OSI）定义的一种开放系统互联参考模型，即 OSI 参考模型。

11.3.1 OSI 参考模型的层析结构

OSI 参考模型规定了一个网络系统的框架结构，把网络从逻辑上分为 7 层，各层通信设备和功能模块分别为一个实体，相对独立，通过接口与其相邻层连接。相应协议也分 7 层，每一层都建立在相应的下一层之上，每一层的目的都是为上一层提供一定的服务，并对上层屏蔽服务实现的细节。各层协议互相协作构成一个整体，称为协议簇或协议套。所谓开放系统互联，是指按这个标准设计和建成的计算机网络系统都可以互相连接。

用户进程（设备和文件）经过 OSI 开放系统互联参考模型规范操作后，进入光纤、电缆、电波等物理传输媒质，传输到另一用户，如图 11-5 所示。

第一到第三层提供网络服务，为底层协议；第四到第七层为高层协议，提供末端用户功能。进入第七层实体的用户的数据信息经该层协议操作后，在其前面加上该层协议操作标头（协议控制信息 PCI），组成协议数据单元 PDU 后，根据标头信息（协议控制信息 PCI），对协议数据单元 PDU 进行数据恢复，并去掉标头信息，交上一层实体。这样经一层一层实体数据恢复后，将发送用户数据信息复原送接收用户。

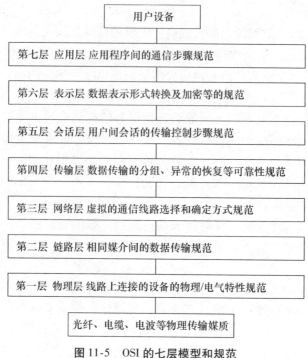

图 11-5 OSI 的七层模型和规范

11.3.2 OSI 参考模型各层规范的功能

OSI 开放系统互联参考模型七层规范的功能如下。

1. 物理层

（1）规定二进制"位"比特流信号在线路上的码型。
（2）规定二进制"位"比特流信号在线路上的电平值。
（3）当建立、维护与其他设备的物理连接时，规定需要的机械、电器功能特性和规程特性。

2. 数据链路层

（1）将传输的数据比特流加上同步信息、校验信息和地址封装成数据帧。
（2）数据帧传输顺序的控制。
（3）数据比特流差错检测与控制。
（4）数据比特流传输流量控制。

3. 网络层

（1）通过路径选择将信息分包从最合适的路径由发送端传送到接收端。
（2）防止信息流过大造成网络阻塞。
（3）信息传输收费记账功能。
（4）有多个子网组成网络的建立和管理。
（5）与其他网络连接的建立和管理。

4. 传输层

(1) 分割和重组报文,进行打包。
(2) 提供可靠的端到端的服务。
(3) 传输层的流量控制。
(4) 提供面向连接的无连接数据的传输服务。

5. 会话层

(1) 使用远程地址建立用户连接。
(2) 允许用户在设备之间建立、维持和终止会话。
(3) 管理会话。

6. 表示层

(1) 数据编码格式转换。
(2) 数据压缩与解压。
(3) 建立数据交换格式。
(4) 数据的安全与保密。
(5) 其他特殊服务。

7. 应用层

(1) 作为用户应用程序与网络间的接口。
(2) 使用用户的应用程序能够与网络进行交互式联系。

OSI 的不断发展,得到了国际上的承认,成为计算机网络系统结构靠拢的标准。但在很多情况下,网络节点并不一定要提供全部七层功能,可根据业务规格决定网络结构,例如传感器网络通常提供到第三层功能。

11.4 传感器网络通信协议

在分布式传感器网络系统中,一个网络节点应包括传感器(或执行体)、本地硬件和网络接口。传感器用一个并行总线将数据包从不同的发送者传到不同的接收者。一个高水平的传感器网络使用 OSI 模型中第一到第三层,以提供更多的信息并且简化用户系统的设计及维护。

国外已有几所大学研制了传感器网络通信标准,例如美国密歇根大学提出了"密歇根并行标准 MPS";荷兰代夫特(Delft)工业大学的研究人员研制了一种串行通信协议——"集成智能传感器 IS^2 总线",这是一种模拟与数字混合的双线串行总线接口。由大学、制造商和标准化组织所研制并为工业界所支持的标准大致分为 4 大类:汽车类标准、工业类标准、楼宇与办公自动化类标准和家庭自动化类标准。

11.4.1 汽车协议及其应用

汽车的发动机、变速器、车身与行驶系统、显示与诊断装置有大量的传感器,它们与微型计算机、存储器、执行元件一起组成电子控制系统，来自某一个传感器的信息和来自某一个系统的数据能与多路复用的其他系统通信，从而减少传感器的数目和车辆需拥有的线路。该电子控制系统就是一个汽车传感器网络。汽车传感器网络具有以下优点。

（1）只要保证传感器输出具有重复再现性，并不要求输入输出线性化，并可通过微型计算机对信号进行修正计算来获得精确值。

（2）传感器信号可以共享并可以处理。来自一个传感器的信号，一方面能进行本身物理参数的显示和控制，另一方面该信号经处理后还可以用于其他控制。例如，对速度信号进行微分处理后，可获得加速度信号。

（3）能够从传感器信号间接获取其他信息。例如，利用压力传感器测定近期吸入负压，利用转速传感器测定转速，利用温度传感器测定当时的空气温度并推算出空气密度，就可以从测定的近期吸入负压求出转速与空气流量之间的关系。

世界上汽车的拥有量很大，汽车传感器网络具有很大的用量。用于汽车传感器网络的汽车协议已经趋于规范化，其中 SAE J1850 协议和 CAN 协议已形成标准，还有其他几个协议因为特定制造商的应用也同时存在。汽车工程师协会 SAE 已将 SAE J1850 协议作为美国汽车行业多路复用和数据通信的标准，但是在卡车和轮船上的数据通信则大多采用基于控制器局域网的 CAN 协议。

1. SAE J1850 协议

SAE J1850 协议作为美国汽车制造商的标准协议于 1994 年被批准实行，SAE J1850 协议定义了 OSI 参考模型中的应用层、数据链路层及物理层。信息传输速率为 11.7 kbit/s 和 10.4 kbit/s 两种。信息传输以帧为单位，一帧接一帧地进行。每帧仅包含一个信息，每帧的最大长度是 101 bit，帧内标头部分包含了信息的优先级、信息源、目标地址、信息格式和帧内信息的状况。当总线空闲时间超过 500 ms 时，进入低消耗或睡眠状态。在总线上的任何活动将重新唤醒总线。

2. CAN 协议

CAN 是 Robert Bosch GmbH 提出的一种串行通信的协议，最初是应用于汽车内部测量和执行部件之间的数据通信，现在主要用于汽车之外的离散控制领域中的过程检测和控制，特别是在工业自动化的底层监控，解决控制与测试之间的可靠和实时的数据交换。原 CAN 规则在 1980 年颁布，而 CAN2.0（修订版）在 1991 年颁布。

CAN 是一种多用户协议，它允许任何网络节点在同一网络上与其他节点通信，传输速率范围为 1～5 bit/s。CAN 利用载波监听、多路复用来解决多用户的信息冲突，使最高优先级信息在最低延迟时间下得以传输。此外，灵活的系统配置允许用户自行选择，促进了 CAN 系统的用户在自动化以及工业控制上的应用。

CAN 的物理传输介质包括屏蔽的双绞线、单股线、光纤和耦合的动力线，一些 CAN 系统的用户已在进行射频传送的研制。

3. 其他汽车业协议

除上述协议之外，其他汽车协议也有了很大的发展，它们中的一些已被 SAE 规范所覆盖。汽车串行位通用接口系统（A-bus）由 Volkswagen AG 所研制，错误检测按位进行，单线与光纤均可作为传播介质,最大总线长度没有特别指定,但标准为 30 m,最大 500 kbit/s的数据传输率要高于 SAE J1850 中所指的速率。

车辆局域网络(VAN)由法国汽车制造商 Renalut 研制,被认为是一种 ISO 标准。传播介质是双绞线,最大数据传输率由用户定义,最大 16 个节点与最长数据总线 20 m 相配。

奥地利的 Wien 技术大学已研制了一种时间触发协议(TTP),这个协议通过定时计算提供未来系统的品质信息,所有的系统活动均通过实施进程触发。

德国与法国的汽车制造商协会为汽车电子学研制了一种操作系统 OS 标准,用高级语言编制应用软件,从而减小车辆中分布控制系统的软件复杂程度。

4. 汽车协议应用实例

基于分布式控制的航空发动机智能温度传感器构成如图 11-6 所示,其主要包括上电自检测电路、热电偶信号处理电路、显示电路接口、DSP 与 CAN 的接口电路、电源电路等几部分。

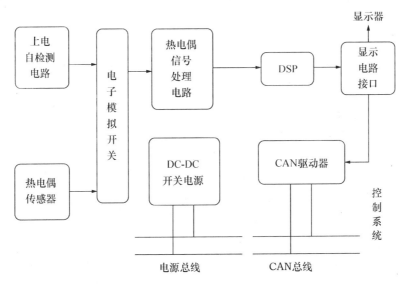

图 11-6 航空发动机智能温度传感器

智能温度传感器具有上电自检测功能。上电时电子模拟开关先切换到上电自检测电路,上电自检测电路用可测电阻器分压产生一个电压(对应着相应温度),2407A DSP 首先测量出这个温度值是否和设定温度一致。如一致则认为电路工作正常,将电子模拟开关转换到热电偶传感器,测量发动机的温度,通过显示电路显示温度值,并将测量值通过汽车协议 CAN 总线发送给 EEC(电子发动机控制系统);如不一致则通过 CAN 总线向 EEC 发出故障报警信号。

CAN 总线具有很高的可靠性,平均误码率小于 10^{-11}。其采用独特的位仲裁技术,实时性好,最高位传输率达 1Mbit/s,远距离可达 10 km;同时采用双绞线做通信介质,接口简单,组网成本低。

热电偶温度信号处理电路包括热电偶测温电路、报警电路、电压幅值调整电路等。

11.4.2 工业网络协议

分布式传感器网络的优点很容易在工厂自动化中显示出来。一旦形成网络系统，就可以轻而易举地添加与删除节点而不需要重新调整系统。这些节点可以包括传感器、控制阀、控制电动机和灯光负载，关键是要有一个开放性标准协议和即插即用功能。工业网络协议比汽车网络协议有更多的提议和正在研发的标准。"现场总线"是在自动化工业进程中的非专有双向数字通信标准，现场总线规则定义了 ISO 参考模型的应用层、数据链路层和物理层，并带有一些第四层的服务内容。如图 11-7 所示给出了一个现场总线控制系统结构，其以现场总线作为最高层，传感器总线作为最底层。但是，目前"现场总线"尚未完全实现。目前使用得较多的两个协议是 CAN 和 Lontalk™，它们吸引了众多的工业用户。

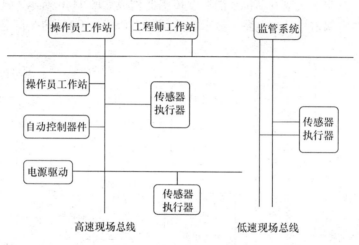

图 11-7 现场总线控制系统

1. CAN 协议的工业应用

CAN 协议通信网络由于更简单和更低成本而获得制造商的青睐，在工业应用领域被采用，并作为了一种企业标准。

2. Lontalk™ 协议

Lontalk™ 协议由 Echelon 公司提出，为部分工业界及消费者所接受并给予强有力的支持。该协议定义了 OSI 参考模型中的所有七个层。其数据长度为 256 B，通信速率高达 1.25 Mbit/s，多用户信息传输冲突的仲裁通过预测性载波侦听和多路访问作出，具有冲突检查和优先级选择功能。

3. 其他工业协议

应用比较广泛的其他工业协议还有以下几种。

（1）可寻址远程传感器通道 HART。

1986 年，Rosemount 提出 HART 通信协议，它是在 4～20 mA 直流模拟信号上叠加频率调制（频移键控）FSK 数字信号，既可用作 4～20 mA 直流仪表，也可用作数字通信仪表。

（2）过程现场总线 Profibus。

1986 年，德国开始制定 Profibus 总线标准，它由 3 部分组成：分布式外设 DP，现场总线信息规范 FMS 和过程自动化 PA，不同的部分针对不同的应用场合，因此 Profibus 应用领域十分广泛。

DP 和 FMS 有两种传输技术。一种是 RS-485，采用屏蔽双绞线，拓扑结构为总线形或树形，通信速率为 9.6 kbit/s 时，传输距离为 1200 m；通信速率为 1.2 Mbit/s 时，传输距离为 100 m。每段距离为 1900 m，每段最多节点数为 32。另一种是采用光缆，用于电磁兼容性要求较高和长距离传输的场合。

PA 采用 IEC1158-2 传输技术，采用屏蔽双绞线，拓扑结构为总线形或树形，通信速率为 31.25 kbit/s，传输距离为 1900 m，每段最多节点数为 32，支持总线供电和本质安全结构。

DP 主要用于对时间要求苛刻的分散外围设备间的高速数据传输，适用于加工自动化方面，具有高效低成本的特征；PA 主要用于工业流程自动化，及对安全性要求高和由总线供电的场合；FMS 主要用于解决车间内通用设备的通信任务。

过程现场总线 Profibus 的 DP、PA、FMS 三部分有针对性地适用于不同的应用场合，因此，是一种功能强大、技术成熟、应用广泛的现场总线。

（3）TOPaz。

TOPaz 支持高达 255 个节点并以 1 Mbit/s 的速率传输。当传输距离大到 1 km 时，这个速率将降低到 500kbit/s。TOPaz 中只有一个主系统具有决定权，使用冲突仲裁标记传送，物理层使用 EIA-485 接口。

11.4.3 办公室与楼宇自动化网络协议

由楼宇自动化工业发展而来的 BACnet 协议，是由美国加热、制冷和空调工程师协会 ASHRAE 所研制的网络系统，能够在 BAC 网络的兼容系统中进行通信。此外，能源管理系统也已研发了相关的标准，而自动读取测量协会 AMRAL 正致力于发展一种自动读取测量标准，IBI 总线则由智能建筑学会研制。办公室与楼宇自动化网络结构如图 11-8 所示。在办公室和楼宇的各个需要的部位安装传感器，节点传感器的传感信息随环境而变，将状态和信息通过网络传送给能够响应这种改变的节点，由节点执行体依据相关信息作出调整和动作，例如断开或关闭气阀、改变风扇速度、喷灌花木、使用监视能源、启动防火开关、启动报警、故障自诊断、数据记录、接通线路、传呼通信、信号验证等。

11.4.4 家庭自动化网络系统

家庭的计算机控制是智能化住宅工程的目标。用于家庭自动化网络接口的有供暖、通风、空调系统、热水器、安全系统和照明，还有公用事业公司在家庭应用方面的远程抄表和用户设备管理，如图 11-9 所示。家庭自动化网络系统的信息传输速度有高有低，主要取决于连接系统的设备。它的信息数量的大小及通信协议的复杂程度都属于中等。

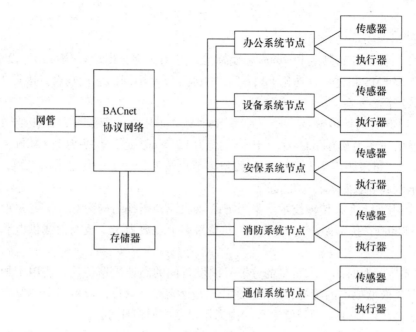

图 11-8　楼宇自动化网络系统

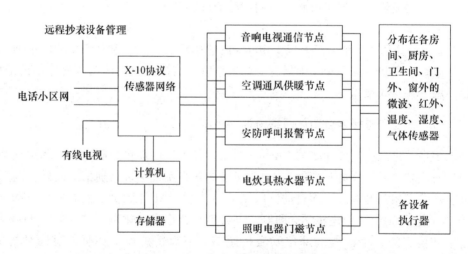

图 11-9　家庭自动化网络结构

家庭自动化网络协议以下几种。

（1）X-10 协议。

X-10 协议由 X-10 公司为家庭自动化网络研制，广泛应用于家庭照明及电器控制。近年来智能住宅应用语言 SHAL 已发展起来，它支持 100 种以上不同的信号形式，可以满足多种设备的接入，不过，在家庭中要求有专用的多路传输导线。该系统能对 900 个节点寻址并以最大为 9.6 kbit/s 的传输速率进行操作。

（2）CEBus。

消费者电子总线 CEBus 是由电子协会 EIA 的电子消费集团创立的。CEBus 提供数据和控制通道并以最大 10kbit/s 的速率进行处理。它在与公用事业相关的工业中为越来越多的用户接受。

（3）TonTalk™。

TonTalk™协议在家庭自动化中为人们所接受，它完全符合开放系统互联参考模型 OSI 层结构，具有实用性和互换性，能很好地适应家庭自动化环境。此外，TonTalk™安装使用十分简便，尤其是附加设备的安装，且成本低，这使得它在家庭楼宇以外的其他市场也为人们所广泛的接受。

11.5 实　　训

1. 查阅汽车传感器资料，了解汽车传感器网络的应用。
2. 传感器信号无线通信传输系统如图 11-10 所示，该系统由智能传感器、蜂窝移动通信短消息收发子系统、移动业务交换中心组成。

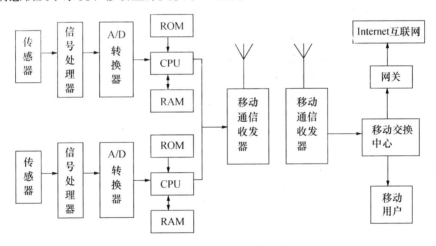

图 11-10　传感器移动通信网络

由传感器检测到的信号经信号处理和 A/D 转换后，通过 RS-484 异步通信接口或 RS-232 串行接口与蜂窝移动通信短消息收发器通信，蜂窝移动短消息收发器将采集到的数据压缩、打包后发送给移动用户或通过 Internet 互联网送给传感器网络用户。每个 RS-484 异步通信端口可同时连接 64 个传感器。通过该系统了解无线传感器网络的组成和应用。

3. 彩信手机传送彩色图片就是 CMOS 图像传感器的无线网络应用。使用手机给同学发送彩色图片。

4. 计算机摄像头通过 Internet 互联网向对方计算机屏幕传送图像是 CMOS 图像传感器的 Internet 互联网的应用。试用计算机摄像头给同学发送自己的工作图像。

5. 试用计算机摄像头通过 Internet 互联网给同学的手机发送自己的工作图像。

6. 试装配和调试一个简单的温度传感器移动通信网络。

11.6 习　　题

1. 分布式传感器网络系统与单个传感器的用途有什么不同？
2. 数量巨大的传感器加入 Internet 互联网会产生什么样的功能？试设计一种传感器加入 Internet 网络互联，解释其应用。
3. 解释图 11-3 所示的传感器网络的工作原理和信号流程。
4. 回答以下问题各由 OSI 开放系统互联参考模型的哪一层处理。
（1）把传输的比特流划分为帧。
（2）决定哪条路径通过通信子网络。
（3）提供端到端的服务。
（4）为了数据的安全将数据加密传输。
（5）光纤收发器将光信号转换为电信号。
（6）电子邮件软件为用户收发传感器数据资料。
5. 汽车网络 CAN 协议有哪些用途？
6. 工业网络有哪些协议？它们的传输速率和传输距离分别是多少？
7. 办公室与楼宇自动化网络有什么功能？
8. 解释家庭自动化网络系统的组成和应用。

参 考 文 献

[1] 黄继昌,徐巧鱼等. 传感器工作原理及应用实例 [M]. 北京:人民邮电出版社,1998.
[2] 黄贤武,郑筱霞. 传感器原理与应用 [M]. 成都:电子科技大学出版社,1995.
[3] 单成祥. 传感器的理论与设计基础及应用 [M]. 北京:国防工业出版社,1999.
[4] 李瑜芳. 传感技术 [M]. 成都:电子科技大学出版社,1999.
[5] 刘迎春,叶湘滨. 现代新型传感器原理与应用 [M]. 北京:国防工业出版社,1998.
[6] 梁威,路康等. 智能传感器与信息系统 [M]. 北京:北京航空航天大学出版社,2004.
[7] 杨帮文. 最新传感器实用手册 [M]. 北京:人民邮电出版社,2004.
[8] 王翔,王钦若等. 一种汽车制动性能检测仪的研制 [J]. 传感器技术,2004(2).
[9] 徐科,黄金泉. 基于分布式控制的航空发动机智能温度传感器 [J]. 传感器技术,2004(2).
[10] 王志强,吴一辉等. 新型气象参数测试仪的研制 [J]. 传感器技术,2004(2).
[11] 曾凡智,李凤保. 基于GSM的网络化传感器系统 [J]. 传感器技术,2004(4).